高等院校艺术设计类专业
案例式规划教材

城市广场设计

■ 主 编　欧阳丽萍　谢金之
■ 副主编　曲旭东　冯勤

U0166013

华中科技大学出版社
http://www.hustp.com
中国·武汉

内 容 提 要

本书主要讲述城市广场的设计、发展现状以及未来的发展趋势。全书采用图文混排及图解的形式，深入浅出，便于广大设计者掌握知识要点。全书分为六章，主要包括城市广场的概念、国内外广场设计的发展历程、广场设计形式、城镇广场的设计、城市广场环境设计、城市广场与环境设计等内容，较为全面地讲述了城市广场对我们现代人生活的意义，展现出城市广场设计在我们生活中的重大作用。本书既可作为环境艺术设计、景观设计等专业基础设计课程的教材用书，也可作为广大设计爱好者、城市建筑设计者及相关专业设计者的参考用书。

图书在版编目 (CIP) 数据

城市广场设计 / 欧阳丽萍, 谢金之主编 . —武汉：华中科技大学出版社，2018.5（2022.8重印）
高等院校艺术设计类专业案例式规划教材
ISBN 978-7-5680-2975-9

Ⅰ . ①城… Ⅱ . ①欧… ②谢… Ⅲ . ①广场－城市规划－建筑设计－高等学校－教材 Ⅳ . ① TU984.18

中国版本图书馆 CIP 数据核字 (2017) 第 125784 号

城市广场设计
Chengshi Guangchang Sheji

欧阳丽萍　谢金之　主编

策划编辑：金　紫

责任编辑：赵　萌

封面设计：原色设计

责任校对：王丽丽

责任监印：朱　玢

出版发行：华中科技大学出版社（中国·武汉）　　电话：（027）81321913
　　　　　武汉市东湖新技术开发区华工科技园　　邮编：430223

印　　刷：湖北新华印务有限公司

开　　本：880 mm×1194 mm　1/16

印　　张：9

字　　数：194 千字

版　　次：2022 年 8 月第 1 版第 3 次印刷

定　　价：58.00 元

前 言
Preface

　　广场是一个可以让人们聚会休息的空间，同时也是人们逃离城市喧嚣的地方。用巴赫金的话说就是，"集中一切非官方的东西，在充满官方秩序和官方意识形态的世界中仿佛享有治外法权的权力，它总是为老百姓所有"。城市广场通常是城市居民社会生活的中心，是城市不可或缺的重要组成部分。被誉为"城市客厅"的城市广场上可进行集会、交通集散、居民游览休息、商业服务及文化宣传等。

　　近年来，随着我国经济的快速发展，商业的日益繁荣，城市建设的步伐越来越快，城市广场的建设显得比以往更加重要。城市广场成为城市新的代名词，甚至成为城市的地标性建筑。城市广场是城市的象征，是城市历史文化的融合，是城市精神、特质的一种体现。它作为城市的公共活动空间越来越受到人们的重视。它以风格、体量、色调、高度、功能等形态元素向外界展示着城市的文化和风貌。城市的快速发展必然离不开文化的发展。在经济发展较快的沿海城市，广场形态更是趋向多样化、多元化。一座城市的公共活动空间是否具有多样性，层次是否丰富，在某种程度上反映出该城市的经济、市民文化素养、行政效率、投资环境的好坏。城市广场通常是城市空间的中心，是市民活动、聚会、休闲的主要空间，是城市向外界展示自身的重要组成部分。

　　由于大气污染、噪声污染日益影响我们的生活，广场的环境设计成为广场设计的重中之重。近年来，相继拆掉了不少封闭性公园的围墙，使之与外界相连，从而打造开放式的城市小广场。这类小广场吸引了不少市民前往，究其原因，其中重要的一点就是小广场环境优美、绿化面积覆盖率高，能够让人们感受到大自然的气息。在本书中，将以图文结合的形式对广场的分类、设计形式、景观环境设计、现阶段存在的问题，以及未来发展前景等方面进行介绍与分析，展现出城市广场的包容性与创造力。

　　在本书编写的过程中得到以下同事的支持：金露、柯孛、胡爱萍、高宏杰、付士苔、邓世超、程媛媛、陈庆伟、边塞、关洪、戈必桥、曹洪涛、朱嵘、柯举、牟思杭、余文晰、汤留泉、张弦、闸西、王月然、王宏民、阮伟平。感谢他们为此书提供素材。

目 录
Contents

章节导读

城市广场是为满足多种城市社会生活需要而建设，以建筑、道路、山水、植物及地形等围合，由多种软、硬质景观构成，采用步行交通手段，具有一定主题思想和规模的结点型城市户外公共活动空间。广场已成为一座城市的标志（图1-1）。

学习难度：★☆☆☆☆

重点概念：广场定义、分类、空间形态

第一节

广场的概述

广场是指面积广阔的场地，特指城市中的广阔场地，是城市的道路枢纽，是城市中人们进行政治、经济、文化等社会活动或交通活动的空间，通常是大量人流、车流集散的场所。在广场中或其周围一般布置着重要建筑物，往往能集中表现城市的艺术面貌和特点。在城市中广场数量不多，所占面积不大，但它的地位和作用很重要，是城市规划布局的重点之一。

"广场"一词源于古希腊。最初的广场是由各种建筑物围合而成的一块空旷的场地或是一段宽敞的街道。据史料记载，广场应始于公元前5世纪，成型于公元前2世纪前后。当时广场的主要功能是供人

2

图 1-1　城市广场

们进行集会和商品交易，其形式较杂乱，很不规则。此后，广场逐渐演变为城市生活中心，成为当时人们约会、交友、辩论、集会的场地，同时也是竞技、节庆、演说等活动的舞台。广场成为当时城市的象征（图 1-2、图 1-3）。

　　例如，著名的雅典卫城，顺自然地形演变，呈不规则形。在功能上，它是当时的市政机构向公民宣读政令、公告，以及

公民集聚议论政事的场所，也是人们从事商品交换的集市（图 1-4）。

　　15—16 世纪欧洲文艺复兴时期，由于城市中公共活动的增加和思想文化各个领域的繁荣，相应地出现了一批著名的城市广场，如罗马的圣彼得广场、卡比多广场等（图 1-5、图 1-6）。后者是一个市政广场，雄踞于罗马卡比多山上，俯瞰全城，气势雄伟，是罗马城的象征。威尼

图 1-2　商品交易

图 1-3　表演场所

(a)

(b)

(c)

图 1-4　雅典卫城

图 1-5　圣彼得广场

图 1-6　卡比多广场

斯城的圣马可广场风格优雅，空间布局完美和谐，被誉为"欧洲的客厅"（图1-7）。17—18世纪法国巴黎的协和广场是当时的代表作（图1-8）。

由于历史和文化背景的不同，我国古代的城市广场与欧洲城市中作为"市民中心"的传统意义上的城市广场有很明显的区别。我国古代城市广场的起源可追溯到原始社会。当时的半坡村人将小型住宅沿着圆圈密集排列，中间形成

4

图1-7　圣马可广场

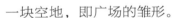

图1-9　广场

图1-8　协和广场

图1-10　公园

一块空地，即广场的雏形。

　　广场是一种汽车不得进入的以硬质铺装为主的户外公共空间，其主要功能是漫步、闲坐、用餐或观察周围世界。它与人行道不同，是一处具有自我领域的空间，而不是一个用于通过的空间。广场中可能会有树木、花草和地被植物，但占主导地位的是硬质地面。如果草地和绿化区域超过硬质地面的面积，这样的空间应被称为公园，而不是广场（图1-9、图1-10）。

　　《城市规划原理》一书中对广场的定义是："广场是由于城市功能上的要求而设置的，是供人们活动的空间。城市广场通常是城市居民社会活动的中心，广场上可组织集会、供交通集散、组织居民游览休闲、组织商业贸易的交流等。"

第二节
广场的分类

一、按广场功能性质分类

　　城市广场按照性质可分为集会游行广场、纪念广场、休闲广场、交通广场和商业广场等。但这种分类是相对的，很多现代城市广场都是多功能复合型广场。

1. 集会游行广场

集会游行广场一般位于城市主要干道

的交会点或尽端，便于人们到达。广场周围大多布置公共建筑。除了为集会、游行和庆典提供场地外，也兼有为人们提供旅游、休闲等活动的空间。平时又可起到组织城市交通的作用，并与城市主干道相连，满足人流集散需要。但一般不可通行货运交通或设摊位进行商品交易，以避免影响交通和产生噪声污染。这类广场一般设置较少绿地，以免妨碍交通和破坏广场的完整性。在主席台、观礼台的周围，可重点设计常绿树。节日时，可点缀花卉。为了与广场及周围气氛相协调，一般以规整形式为主。在广场四周道路两侧可布置行道树以组织交通，保证广场上的车辆和行人互不干扰、畅通无阻。如北京天安门广场、上海市人民广场、捷克布拉达广场和俄罗斯莫斯科红场等，均可供群众集会游行和节日联欢之用（图1-11）。

2. 纪念广场

纪念广场因其性质决定，首先要保持环境幽静，在选址上应考虑尽量避开喧闹繁华的商业区或其他干扰源。其次，纪念广场一般宜采用规整形，应有足够的面积和合理的交通，同时与城市主干道相连，保证广场上的车辆畅通无阻，使行人与车互不干扰，确保行人的安全。广场还应有足够的停车面积与行人活动空间（图1-12）。

■ 集会游行广场设计要点

1. 不宜布置过多的娱乐性建筑和设施。
2. 注意合理布置广场与相接道路的交通线路。
3. 设计要与周围建筑布局相协调。
4. 广场内应设灯杆照明、绿化花坛等，起到点缀、美化广场及组织内外交通的作用。
5. 横断面设计中，在保证排水的情况下，应尽量减缓坡度，使场地平坦。

5

(a)

(b)

(c)

(d)

图1-11　集会游行广场

图 1-12 纪念广场

从文艺复兴盛期到巴洛克风格晚期，16 世纪至 18 世纪人们对广场的观念与广场的建造有了根本性的改变。在这个时期，广场的修建充分体现了君权主义的建筑思想，表达了对君主专制政权的服从。广场成为统治者个人歌功颂德的场地，纪念广场得以发展。历史上的城市纪念广场，可以说一开始就是由当权者控制的舞台，同时这种舞台也真实地记录了一座城市政治与社会变迁的历史。现代城市的纪念广场多以历史文化遗址、纪念性建筑为主，或在广场中心建立纪念物，如纪念碑、纪念塔、纪念馆、人物雕塑等，供人们缅怀历史事件和历史人物（图 1-13~ 图 1-16）。

图 1-13 纪念碑

图 1-15 纪念馆

图 1-14 纪念塔

图 1-16 人物雕塑

纪念标志物的大小，应根据广场的面积确定。广场在设计手法、表现形式、材质、质感等方面应与主题相协调统一，形成庄严、肃穆的环境。例如，气势磅礴、雄伟壮观的斯塔尼斯拉斯广场，建于1761年至1769年，是由路易十五的岳父波兰国王洛兰公爵斯塔尼斯拉斯主持建造的皇家广场。19世纪时改为以建造者的名字命名，并以其雕像取代路易十五的雕像（图

1-17）。同样，巴黎旺多姆广场是以纪念路易十四为主题而建的纪念广场（图1-18）。

3. 休闲广场

休闲广场是集休闲、娱乐、体育活动、餐饮及文艺观赏于一体的综合性广场（图1-19）。欧洲古典式广场一般没有绿地，以硬质铺地为主（图1-20）。现代城市休闲广场则体现人性化，遵循"以人为本"

(a)

(b)

图1-17　斯塔尼斯拉斯广场

(a)

(b)

图1-18　巴黎旺多姆广场

图1-19　休闲广场

图1-20　古典式广场

的原则,以绿为主,给人以静谧安逸之感(图1-21)。合理的绿化起到遮阳避雨、减少噪声污染、改善广场小气候的作用(图1-22)。走进广场后,人们仿佛置身于森林、草原、湖泊之中。只见空中风筝争奇斗艳,水中鱼儿欢快地游来游去,绿荫下,长凳旁,人们愉快地交谈着,形成了人与自然交融的城市风景画。

大庆时代广场总占地面积为144公顷。时代广场是大庆城市基础设施建设和对外开放的重要标志。广场由绿化丛林、集会广场及万宝湖三部分组成,绿化丛林居于广场东侧,北端是游乐健身场,南面是纵横交错的林荫小路,万宝湖居广场右侧,面积50公顷。宽广整洁的时代广场内有雕塑喷泉,白天鲜花烂漫,草木茵茵,成群的鸽子起落盘桓,夜晚则是灯的海洋,成为居民假日及饭后休闲的好去处(图1-23)。

4. 交通广场

交通广场是城市交通系统的重要组成部分,是连接交通的枢纽,如环形交叉广场、立体交叉广场和桥头广场等,其主要功能是起到合理组织和疏导交通的作用。交通广场可分两类。一类是起着城市多种交通会合和转换作用的广场。例如,站前广场是综合火车、公交车、长途客车、出租车、私人车辆及自行车等诸多交通工具的换乘枢纽。对于这类广场,如何处理好人流、车流的中转,是一个重要的问题(图1-24、图1-25)。

设计交通广场时,既要考虑美观性又要考虑实用性,使其能够高效快速地分散车流、人流、货流,保证广场上的车辆和行人互不干扰,顺利和安全地通行。广场的大小,取决于交通流动量的大小、交通组织方式和车辆行驶规律等。20世纪的欧洲城市广场较侧重于交通的便利,广场起到了改变城市交通结构、使之成为网状交通的作用。应尽量将人行道与车行道分离,确保行人安全、车辆畅通无阻。设置交通指示标牌、道路交通标线、交通诱导系统等,快速分流车辆。站前广场的交通秩序主要取决于各类停车场规划的好坏。应将停车场设置在广场的外围,站前空地作为行人广场,避免车与人相互干扰,发生交通堵塞。站前广场是城市的窗口,也是城市的标志,反映了城市的整体形象。因此,交通广场的设计起着重要作用。广场应与周围建筑相协调、相配合,使其具有表现力,使人们流连忘返,留下深刻而美好的印象(图1-26~图1-28)。

图1-21 现代式广场

图1-22 绿化设计

图 1-23　大庆时代广场

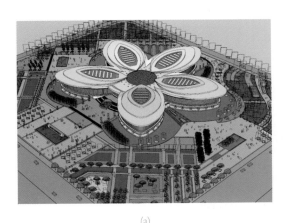

图 1-24　交通广场

(a)

图 1-27　道路交通标线

(b)

图 1-25　火车站综合广场

图 1-28　交通诱导系统

图 1-26　交通指示标牌

图 1-29　北京西单文化广场

　　例如，北京西单文化广场，总建筑面积约 3.5 公顷，其中广场占地 1.5 公顷。广场为三层复合式，采用地下、地面、地上二层通道空间将地铁与公共汽车站相连接，合理科学的设计，最大限度地缓解了交通压力，使在广场休闲的人们不受交通和噪声的干扰（图 1-29、图 1-30）。

图 1-30　广场景观

5. 商业广场

商业广场是指位于商店、酒店等商业贸易性建筑前的广场，是供人们购物、娱乐、餐饮、商品交易活动使用的广场，其目的是为了方便人们集中购物。它是城市生活的重要中心之一。广场周围的建筑应该以其为核心，这样不但可以使整个商业广场聚集人气，而且可以显现出整条商业街欣欣向荣的景象（图1-31、图1-32）。

商业广场的交通组织非常重要。交通犹如城市的大动脉，因此应考虑到由城市各区域到商业广场的"方便性"与"可达性"。广场周围的交通应四通八达。为了避免广场受到机动车的干扰，保证人们在购物前后有个安静舒适的休息环境，可设地下车道，并将其与广场周围车道相连接（图1-33）。应保证人流、货运通道、公交车通道、消防车通道、私家车及各种其他机动车通道等不同性质的交通流动线分区明确、畅通无阻，以满足人们现代快节奏生活的需求。可以说，商业广场是一座城市商业中心的精华，直接反映了城市经济、文化发展的水平。商业广场的花草树木的配景也不容忽视。合理的草木设置不仅能丰富城市的节令文化，而且能增加城市的趣味（图1-34）。

广场环境的美化程度是设计中重点考虑的因素。可以将自然景观引入广场设计当中，如大量引入树木、花卉、草坪、动物、水等自然景观。当然，公共雕塑（包括柱廊、雕柱、浮雕、壁画、小品、旗帜等艺术小品）和各种服务设施也是必不可少的。优秀的设计可以创造出各种宜人的景象，

图1-31　商业广场

图1-32　商业广场建筑

图1-33　地下通道设计

图1-34　广场绿化景观

使人们驻足停留，乐在其中，轻松享受安逸的休闲时光，从而形成一个生机勃勃的城市商业休闲空间。

例如，武汉汉街万达广场是由商业地产行业的龙头企业万达集团投资建设的巨型城市综合体，是万达广场的全国一号旗舰店，是万达集团创新产品模式的辉煌代表作品。万达集团已在全国开设133座万达广场，持有物业面积规模全球第一，所建之处，往往成为当地的地标性建筑（图1-35）。

二、按广场平面组合形式分类

广场的形态，因受观念、历史文化传统、功能、地形地势等多方面因素的影响而不同。广场根据其形态可分三类：一是规则的几何形广场，二是不规则形广场，三是复合型广场。

1. 规则的几何形广场

规则的几何形广场包括矩形广场、梯形广场、圆形（椭圆形、半圆形）广场等（图1-36～图1-39）。规则形状的广场，一般多是经过有意识的人为设计而建造的。广场的形状比较对称，有明显的纵横轴线，给人一种整齐、庄重及理性的感觉。有些规则的几何形广场具有一定的方向性，利用纵横线强调主次关系，表现广场的方向性。也有一些广场以建筑及标识物的朝向来确定方向，如天安门广场通过中轴线而纵深展开，从而形成一定的空间序列，给人一种强烈的艺术感染力。

意大利西耶那市政厅广场呈半圆形，因从13世纪起景观历经不断的改造，从而变得典雅大方，闻名世界（图1-40）。

图1-36　矩形广场

(a)

(b)

图1-35　商业广场

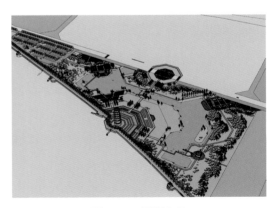

图1-37　梯形广场

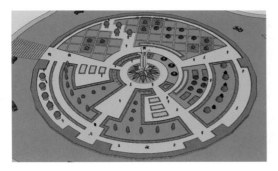

图 1-38　圆形广场

图 1-39　半圆形广场

(a)

(b)

(c)

图 1-40　西耶那市政厅广场

2. 不规则形广场

不规则形广场可以是人为的、有意识的设计，是基于广场基地现状、周围建筑布局、设计观念等方面的需要而形成的。也有少数是非人为设计的，是随着人们对生活的需求自然演变而成的。广场的形态多按照建筑物的边界来确定。位于地中海沿岸的阿索斯广场，顺自然地形演变而成，呈不规则梯形。被全世界人们称作"欧洲的客厅"的威尼斯圣马可广场，充满了人情味，舒适宜人的尺度及不规则的空间让人们感到舒适与亲切（图 1-41）。

14

例如，大连虎雕广场，场地中央以形态各异的群虎雕塑为主体，呈不规则形，给人一种新颖奇特的感觉。虎雕广场位于大连市中山区老虎滩，面积为1.57公顷。群虎雕塑长35.5米，宽、高为6.5米，由500块花岗岩大理石精雕而成，重达2000多吨。6只形态各异的老虎，头向东方，迎风长啸，虎虎生威，是由我国著名画家、雕塑家韩美林设计的（图1-42）。

3. 复合型广场

复合型广场是由数个单一形态广场组合而成的。这种空间序列组合方法是通过运用美学法则，采用对比、重复、过渡、衔接、引导等一系列处理手法，把数个单一形态广场组织成为一个有序、变化、统一的整体。这种组织形式可以提供功能合理性、空间多样性、景观连续性和心理期待性。在复合型广场的一系列空间组合中，应有起伏、抑扬、重点与一般的对比性，使重点在其他次要空间的衬托下，得以突出，使其成为控制全局的高潮。复合型广场规模较大，是城市中较重要的广场（图1-43、图1-44）。

例如，南宁五象广场，位于琅东新区金湖路，是南宁市第一个以生态休闲功能为主，将地面景观广场与地下商场融为一体的大型现代化复合型广场。五象广场被民族大道分隔为两部分，北广场主要设有五象泉雕塑、

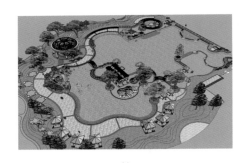

(a)

(b)

图1-41 不规则形广场

(a)

(b)

图1-42 虎雕广场

图 1-43 复合型广场

(a)

图 1-44 空间多样性

(b)

图 1-45 五象广场

UFO 星吧、喷泉等。作为南宁市重要区域和市容"亮点"的五象广场获得了较高的关注度（图 1-45）。

三、按广场的组成形式分类

广场的组成形式可分为平面型和立体型。平面型广场在城市空间垂直方向上没有高度变化或仅有较小变化，而立体型广场与城市平面网络之间形成较大的高度变化。

1. 平面型广场

传统的城市广场一般与城市道路在同一水平面上。这种广场在历史上曾起到重要作用。此类广场能以较小的经济成本为城市增添亮点。

例如，拉萨布达拉宫广场，是世界上海拔最高的城市广场，位于西藏拉萨市布

达拉宫正对面，是西藏自治区政府和拉萨市重要的活动场所，也是中外游客集中观光的旅游景点之一（图 1-46）。

2. 立体型广场

如今城市的功能日趋多样化，城市空间用地也越来越紧张。在此情况下，设计师们开始考虑城市空间的开发潜力，进行地上、地下多层次的开发，以改善城市的交通、市政设施、生态景观、环境，于是就有了立体型广场。因为立体型广场与城市平面网络之间高度变化较大，可以使广场空间层次变化更加丰富，更具有点、线、面相结合的效果，所以广场层次更加丰富，功能越发强大。立体型广场又分为上升式广场和下沉式广场两种类型。

（1）上升式广场。在当前城市用地及交通十分紧张的情况下，上升式广场因

(a)

(a)

(c)

(b)

图 1-46　布达拉宫广场

图 1-47　天坛广场

与地面形成多重空间，可以将人车分流，极大地节省了空间。采用上升式广场，可打破传统的封闭感，创造出多功能、多景观、多层次、多情趣的"多元化"空间环境。

　　例如，北京天坛广场，是明、清两代帝王祭祀皇天、祈五谷丰登的场所。它给人一种神圣、崇高及独特的感觉，构成了仰视的景观（图 1-47）。

　　（2）下沉式广场。下沉式广场给人一种活泼、轻松的感觉，构成了俯视的景观，被广泛应用在各种城市空间中。下沉式广场为忙碌一天的人们提供了一种相对安静、封闭的城市休闲空间环境。

　　下沉式广场应比平面型广场整体设计更舒适完美，否则不会有人愿意特意造访此地，或在此停留，因此下沉式广场的舒适度是非常重要的。应设立各种尺度合宜

的"人性化"设施（如座椅、台阶、遮阳伞等）。考虑到不同年龄、不同性别、不同文化层次及不同习惯人们的需求，建立残疾人坡道，方便残疾人到达，强调"以人为本"的设计理念。因为下沉式广场是地下空间，所以要充分考虑绿化效果，以免使人感到窒息，产生阴森之感。应设置花坛、草坪、流水、喷泉、林荫道等（图 1-48 ～图 1-51）。下沉式广场的可达性也是同等重要的。应考虑将下沉广场的交通与城市主要交通系统相连接，使人们可以轻松地到达广场。

　　例如，大连胜利广场，建筑面积 14.7 公顷，其下沉式主广场与平面子广场串联成一体，形成了序列性空间，体现了空间、视觉和功能的转换，给人以耳目一新的感觉（图 1-52）。

图 1-48　花坛

图 1-49　草坪

图 1-50　喷泉

图 1-51　林荫道

(a)

(b)

(c)

(d)

图 1-52　胜利广场

第三节
广场的空间特征

广场是多元文化的物质载体，而城市空间用地紧张、交通阻塞等问题的日趋严重，以及人们对城市空间活动的舒适度需求的不断提高，突显城市空间潜力开发的紧迫性。可利用空间不同形态和不同层面的垂直变化，如园林式、草坪式、下沉式、上升式、水景式等方式，形成多层次的立体空间格局的广场，解决城市空间用地紧张、交通阻塞等问题，使人们在城市空间中获得自由感、轻松感、亲切感和安全感（图1-53）。

一、广场的空间展示特征
1. 整体性

整体性包括两方面内容。一方面是广场空间要与大环境新旧协调、整体优化、有机共生，特别是在旧建筑群中创造的新空间环境。它与大环境的关系应该是"镶嵌"，而不是破坏，整体统一是空间创造时必须考虑的因素之一。另一方面是广场空间环境本身，也应该格局清晰，严谨中求变化。整体有序是产生美感的重要因素（图1-54）。

由于环境设计手段十分丰富，设计者最容易出现的问题是从某个好的设计中得到一些启发，想将它们用在自己的设计中，有时甚至将几个好的想法全部集中在一个设计中，造成彼此矛盾，内容庞杂零乱。因此，环境设计者特别要学会取舍，建立空间秩序，在整体统一的大前提下，善于运用均衡、韵律、比例、尺度、对比等基本构图规律，处理空间环境。

2. 层次性

随着时代的发展，广场的设计越来越多地考虑人的因素。人的需要和行为方式，成为公共空间设计的基本出发点。为居民提供集会活动及休闲娱乐场所的综合型广场，尤其应注重空间的人性特征。由于不同性别、不同年龄、不同阶层和不同个性人群的心理和行为规律的差异性，广场空间的组织结构必须满足多元化的需要，包括公共性、半公共性、半私密性、私密性的要求。这决定了广场的空间构成方式是复合型的。在设计广场整体空间时，

图1-53　城市广场

图1-54　统一空间

可根据不同的使用功能将其分为许多局部空间，即亚空间，以便于使用。每个空间实现一个或两个功能，成为广场各项功能的载体，多个空间组织在一起实现广场的综合性。这种多层次的广场空间提升了空间品质，为人们提供了停留的空间，更多地顺应了人的心理和行为（图1-55、图1-56）。

层次的划分可以通过地面高程变化、植物、构筑物、座椅设施等的变化来实现。领域的划分应该清楚且微妙，否则人们会觉得自己被分隔到一个特殊的空间里。整个广场或亚空间不能小到使人们觉得自己宛如进入了一个私人房间，侵犯了已在那里的人的隐私，也不应大到几个人坐着时都感到疏远。

不同主题的亚空间，有的以花坛为主，营造精致的散步空间；有的以水景为主，布置曲折动感的水池；有的以自然景观为主，绿树草地，清新怡人；有的以雕塑为主，展示出广场的标志性功能。将多层次的亚空间组织起来，可实现广场多种功能的并存，营造出一个空间丰富的人性化场所（图1-57~图1-60）。

图1-57 花坛

图1-55 层次空间

图1-58 水景

图1-56 局部空间

图1-59 自然景观

图 1-60　雕塑

二、广场空间的人文特征

人在广场空间中，其生理、心理与行为虽然存在个体的差异，但从总体上来说是存在共性的。美国著名心理学家亚伯拉罕·马斯洛认为："人们对需求的追求总是从低级向高级演进，而最高的层次是自我实现和发展。"我们将这一理论概括起来，分为四个层次：第一个层次是生理需要；第二个层次是安全需要；第三个层次是交往需要；第四个层次是实现自我价值的需要。马斯洛这一关于人的需求层次的理论，指出了人的需求的重要性。城市广场设计是为人设计并为人所使用的，因此应把"尊重人、关心人"作为城市广场设计的宗旨。那么，怎样满足各个层次人群的需求呢？研究者认为，人的空间行为概括起来可分以下几个方面。

1. 群聚性

广场聚集的人群，群体人数、组成方式、活动内容、参与程度、公共设施使用情况等不同，从活动的性质上，又分有目的和无目的、主动参与和被动参与等几种。例如在广场进行有目的的主动表演、集体健身等；跟随人群不知不觉介入，围观某一事情等。分析和研究人在广场空间中的行为心理，为设计提供了"以人为本"的依据（图 1-61）。

人都愿意往人群中集中，不同文化、年龄、爱好的人会相聚在一起。在广场空间中，人们可能出于同一行为目的，或者具有某种共同行为倾向，三三两两地聚集在一起。人活动时有以个体形式出现的，也有以群体形式出现的。按人数划分广场空间，如表 1-1 所示。

图 1-61　广场舞

表 1-1　广场空间人群划分

人群划分	活动范围	活动项目
个人独处	活动范围小	看书、休闲、个人健身等
特小人群	2～3 人为一群，活动范围较小	下棋、谈话、恋爱、争斗、看书等
小人群	3～7 人为一组，活动范围较大	聚餐、祭祀、运动、小组活动等
中等人群	7～8 人，不超过 10 人，活动范围更大	开会、聚餐、健身、娱乐等
较大人群	几十人以上，一般多见于有组织的活动	健身、开文艺晚会、商业促销等

2. 依靠性

人在环境中并不是均匀地散布在各处，总是偏爱在视线开阔并有利于保护自己的地方逗留，如大树下，廊柱旁，台阶、墙壁、建筑小品的周围等可依托的地方。这一行为心理可能源于我们人类祖先在野外活动时，为了安全一般很少选择在完全暴露的空间休息，他们或找一块岩石，或找一个土坡，或以一棵树木作为依靠。心理学家就人的"依靠行为"有更深刻的阐述。从空间角度考察，人们偏爱有所凭靠地从一个空间去观察更大的空间，这样的小空间既具有一定的私密性，又可观察到外部空间中更富有公共性的活动。人在其中感到舒适隐蔽，但绝不幽闭恐怖。因此，在广场设计中应充分考虑人对空间"依靠性"的要求，使人们在广场空间中，坐有所依、站有所靠（图1-62、图1-63）。

3. 时间性

人在环境中的活动受到时间、季节、气候等方面的影响。通过观察可以发现，人们在空间中一天的活动、一周的活动、每个季节的活动乃至一年的活动都不一样。另外，人对时间的使用，还受到文化的影响，有调研显示，美国文化中并无午睡的习惯，而西班牙人却要午睡几个小时。时间要素会对人们的活动产生影响。例如夏天的广场，烈日炎炎，人们会尽量避开中午时间外出活动，一般利用早晚时间到广场散步和锻炼。在烈日下，人们都躲避在有遮阴的地方休息。在严寒的冬季，人们又都愿意逗留在温暖的阳光下。忙碌了一天的人们，到了夜晚在广场柔和的灯光下翩翩起舞。因此我们在设计时，应根据人的心理需求，尽可能地使广场具有舒适性和安全性，满足人们在时间上的各种需求（图1-64、图1-65）。

图1-62 古人树下劳作图

图1-64 白天的广场

图1-63 树下休憩

图1-65 夜晚的广场

4. 领域性

领域性是人类和动物为了获得食物和繁衍后代等对空间的需求特征之一。人类和动物在占有领域的方式和防卫的程度及形式上有着本质上的区别。人类的领域性不仅体现生物性，而且体现社会性，例如人类除了生存需要、安全需要外，更需要进行社交，以得到别人的尊重和实现自我价值等。在环境中领域的特征和领域的使用范围也比动物复杂得多。科学家奥尔特曼认为："领域表明了个体或群体彼此排他的、独立的使用区域。"我们可以看出，领域具有排他性、控制性，具有一定的空间范围。

人们愿意与亲人及朋友在一个相对安静并且视野开阔的半封闭的空间领域相聚，借以增加亲密的气氛，避免完全暴露在无遮挡的空间领域，受到陌生人打扰。同时，人们喜欢相互交往，但并不喜欢跟陌生人过于亲密。如果广场中供人们休息的服务设施，如座椅安排得距离过近，没有间断性，必然会导致与应该保持适当距离的一般朋友和保持较远距离的陌生人交往时处于过近距离强迫交往状态。广场的领域性反映了人们的生理、心理需求，因此，我们在设计时要充分考虑广场的空间层次、人们行为的多样性及广场的使用性质，创造出具有"人性化"的层次丰富的广场空间（图1-66）。

第四节
案例分析——拉萨布达拉宫广场

布达拉宫广场位于西藏拉萨市，是一座融休闲、文化、集会等多功能为一体的现代化广场，同时也是世界文化遗产的重要组成部分（图1-67）。布达拉宫广场

(a)

(b)

图1-66 人性化设计

图1-67 布达拉宫广场

东西长 600 米，南北宽 400 米，道路广场总面积 1.8 公顷，可同时容纳 4 万人举行大型集会活动。从整体布局看，广场平坦而开阔，南面是西藏劳动人民文化宫，北侧是布达拉宫。

布达拉宫广场南端是音乐喷泉，在此人们可以悠闲地观赏音乐喷泉千变万化的舞姿。布达拉宫广场的夜晚神秘而又带有独特的艺术气息（图 1-68）。

广场的南面矗立着西藏和平解放纪念碑。这座 2001 年建成的纪念碑，南面以远山绿树为背景，北面与巍峨壮丽的布达拉宫相对，主体呈灰白色，总高 37 米，碑体南面铭文上端设五条金带，代表西藏和平解放 50 周年。碑身造型是抽象化的珠穆朗玛峰，表现出纪念碑高耸入云的气势和与天地同在的永恒性（图 1-69）。

布达拉宫是西藏地区现存最大的宫堡式建筑群，红宫内存有各世达赖的灵塔。"布达拉"是梵语，又译作"普陀"，原指观音菩萨之居所。作为西藏的象征，布达拉宫是朝圣者心中的圣地，也是到西藏旅游的中外宾客的必游之处。游布达拉宫不仅可以观赏宫内收藏的大量历史文物，欣赏藏族精彩的建筑艺术，同时也是对我们灵魂的洗礼（图 1-70）。

中国第五套人民币共有六种面额。其中面值 50 元的人民币的背面采用的就是布达拉宫的形象。

(a)

(b)

图 1-68　喷泉夜景

(a)

(b)

图 1-69　和平解放纪念碑

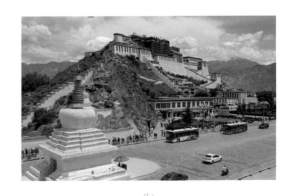

(a)

(b)

图1-70　布达拉宫

人际距离

小/贴/士

日常生活中离不开人与人的交往，无论与陌生人还是与熟人之间都应保持恰当的距离和正确的交往方式，如果有一方首先破坏了这种距离，就会令双方感到尴尬和不安。人类学家赫尔根据人际关系的密切程度、行为表现来划定人际距离。他将人与人之间的距离划分为：密切距离、个人距离、社交距离与公共距离四种。

1. 密切距离

当两人之间的距离为0～450毫米时，称为小于个人空间，这时互相可以感受到对方的辐射热和气味。这种距离的接触仅限于最亲密的人之间，适合两人之间说悄悄话、爱抚和安慰。在广场中如果两个陌生人处于这种距离，会令双方感到不安，人们会采取避免谈话、对视或者避免过近距离贴身坐在一起的做法，以求心理的平衡。

2. 个人距离

当两人距离为700～1200毫米时，与个人空间基本吻合。人与人之间处于该距离范围内时，谈话声音适中，可以看到对方脸部细微表情，也可避免相互之间不必要的身体接触，多见于熟人之间的谈话，如朋友、师生、亲属之间的交谈。

3. 社交距离

范围为1200～2000毫米，在这个距离范围内，可以观察到对方全身及周围的环境情况。据观察发现，在广场上人比较多的情况下，人们在广场的座椅上休息时相互之间至少会保持这一距离；如少于这一距离，人们宁愿站立，以免个人空间受到干扰。这一距离被认为是正常的工作和社交范围。

4. 公共距离

公共距离指3600～7600毫米或更远的距离。这一距离被认为是公众人物，如演员、政治家在舞台上与台下观众之间交流的范围。人们可以随意逗留，同时离去也方便。

思考与练习

1. 广场起源于什么时间?

2. 广场按性能特征分为哪几类?

3. 广场平面组合形式有几种?

4. 立体广场的主要形式有哪些?

5. 广场空间有哪些表现特征?

6. 设计交通广场时需要注意哪些问题?

7. 广场的空间展示特征分为哪几种?

8. 广场空间的人文特征表现在哪些方面?

9. 请举例说明生活中常见的广场类型,并描述它们的特征。

10. 以自己身边的某一广场为例展开分析讨论,角度自定。

第二章

国内外广场设计的发展历程

章节导读

　　广场作为城市空间艺术的精华，常常是城市的历史文化和景观特色集中体现的场所。要根据城市的历史文化背景来设计广场，并在建筑设计中体现出来。广场是城市空间组织中最具公共性、最具艺术魅力，也最能反映现代文明和气氛的开放空间，能集中地表现城市空间环境面貌（图2-1）。

学习难度：★★☆☆☆

重点概念：广场起源、发展过程、发展趋势

第一节

中国古代城市广场发展

　　我国城市广场发展较晚。由于历史文化背景不一样，广场的类型也不尽相同。广场的功能多为进行商品交易，根据《周礼·考工记》的记载，"匠人营国，方九里，旁三门，国中九经九纬，经涂九轨，左祖右社，前朝后市"。我国早在春秋战国时期就已有了较为完整的城市规划，形成了一整套基本布局的程式，对市场的规模和位置做出了严格规划，并且这种城市规划思想一直影响着古代城市广场的建设。

　　我国天安门广场在这方面极具代表性。早在明清时期，就按照礼制秩序将建

图 2-1 广场艺术

图 2-2 西市

图 2-3 东市

■ 东市与西市

在唐代都城长安,有"东市"和"西市"两大市场。"东市"在今西安交通大学一带,"西市"在今劳动南路一带。"东市"主要服务于达官贵人等上层社会,而"西市"不仅是大众平民市场,更是包含西域、日本、韩国等大量国际客商在内的国际性大市场。唐代"西市"占地1600多亩,建筑面积100万平方米,有220多个行业,固定商铺4万多家,被誉为"金市",是当时世界上最大的商贸中心(图2-4)。

筑群左右对称地布置在广场的中轴线上。这种空间组合,起到了让广场与建筑群之间相互对应、吸引、陪衬的作用。唐长安城的规划同样也是沿中轴线两边设有东市、西市。当时逛街是人们的一种休闲方式,街道空间也是人们交往活动的场所,也可以说早期的市场即广场的雏形(图2-2、图2-3)。

古代广场受中国封建礼教、文化及政治的影响,在中国古代城市的发展演变中主要以隐性状态呈现并发展。中国古代的城市广场主要以两种形式出现:一是街市广场,专为老百姓贸易、娱乐、交流之用;二是风景区园林式休闲广场,多与寺院园林结合,为皇家与老百姓游玩之用。

广场在现代生活中占有非常重要的地位。它是现代城市规划与设计的一个重要构成元素。它既可以连接建筑与建筑、建筑与道路,也可以让人们在此休闲、停留。同时,城市广场也是一种公共艺术形态,它承袭着城市的传统和历史,满足城市的精神功能需要,是集中体现城市特色与风貌的人性空间。中国古代没有现代意义上的城市广场，因此了解中国传统意义的城市广场的内涵及其发展历史，有助于我们今天在借鉴西方现代城市广场的设计与建设中，能够更好地理解并融入中国文化的精髓（图2-5～图2-8）。

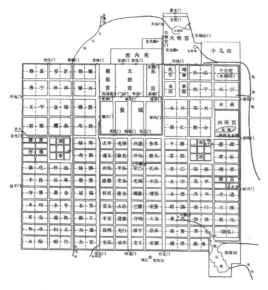

图2-4　唐长安的"东市"和"西市"

图2-5　广场建筑

图2-6　广场街道

图2-7　休息

图2-8　娱乐

"广"者，有宽阔、宏大之意。"场"指平坦的空地。"广场"即广阔的场地。在中国古代，虽然没有使用"市民广场"或"城市广场"等特定词，不过作为举行大型庆典、聚会的开阔空间或是作为公众聚集、交流、贸易等的中介空间要素，在中国城市中也同样具备。

一、原始聚落广场形态

原始社会的人们大多以氏族部落聚居——一种被称为城市萌芽的聚居形态——为主。以临潼姜寨为例，这个仍处于母系氏族社会，相当于仰韶文化早期，距今六七千年的原始村落，当时已经具有向心集团式的特征。村落分区明确，分为居住、陶窑、墓葬三个区。在其居住区域，由五组建筑环绕着中心一个圆形广场。每组建筑都以一座方形的大房子为中心，围绕它建有 13 ～ 22 座中小圆形或方形小屋，形成小团。团与团之间保持一定距离，分组明显。值得注意的是，所有房屋都朝向中心广场开门，这样的布局即为向心式布局，显然是有意识安排的。这种布局方式以中心广场为整个部落的核心，是部落精神的内聚，体现了氏族社会生产、生活的集体性以及成员之间的平等性（图 2-9 ～图 2-11）。

西安半坡、宝鸡北首岭等仰韶文化早中期的考古遗址，也存在这种向心式的"聚落广场"形态，而村落的住房地也朝向中心广场开门。在功能上，村落中心的广场极有可能是当时的部落举办会议、节日庆祝、宗教活动的场所。这种综合性质极强的中心广场可以说是日后出现的城市广场的原始萌芽了。

(a)

(b)

图 2-11　部落生活

图 2-9　临潼姜寨

图 2-10　原始村落

二、具有市民情结的街市广场

中国古代城市中与市民生活最息息相关的，莫过于被称作"市"的地方了，老百姓的贸易、娱乐、交流多聚于此，称得上是中国古代的"市民广场"。此类空间既有早期大型集中的市场广场，也有后来分散于居住区中的"街市"放大节点式小型广场。《易经·系辞下》中说："神农氏作……日中为市，致天下之民，聚天下之货，交易而退，各得其所。"如所载可信，则至少在传说的神农氏时期，中国已经有"市"的存在了。依据《周礼·考工记》的"左祖右社，前朝后市"的规定，市必须建在城邑的北部，位于宫庙之后。又有《周礼·地宫》曰："大市日昃而市，百族为主；朝市朝时而市，商贾为主；夕市夕时而市，贩夫贩妇为主。"这些说明"市"作为人们贸易之所，早已是构成中国古代都城不可或缺的一个重要组成部分，而且随着中国古代都城制度的演变和变化，"市"的形式、性质也不断发生改变，人民的生活也相应地在不断变化着。

唐宋之际都城制度发生了重大变化。由于都城人口急剧增长，居民生活的需求日益增加，里坊制逐渐瓦解，集中封闭的"市"已经不能满足居民的物质及精神生活的需要。北宋中期，封闭的"市"逐渐被新兴的"行市"、渗入"坊"中的"街市"及新兴的"瓦子"所取代。沿河近桥以及城门外的空地上新行市逐渐兴起，以解决人口增长的需求。新的酒楼和茶坊纷纷兴建，以适应众多居民社会交际和娱乐的需要。街坊桥市遍地可见，以满足居民日常生活的需要。出现了以"勾栏"为中心的"瓦市"，固定地专为群众演出，使得城市中居民的娱乐生活更加活跃起来……更加开放、活跃的都市生活方式开始形成了，"街市"及"瓦市"成为承载市民日常生活、具有市民情结的载体。元、明、清也沿用"前朝后市"的格局，只不过"市"的功能渐渐退化，政府多于此处决犯人，市成为警示市民、极具政治意义的场所。而"街"和"坊"则更加兴旺活跃起来。因此，纵观中国古代城市，街市广场常常是市民生活的中心，"逛街"则是老百姓最为流行的休闲方式，"街"和"市"成

为中国古代最具有市民情结的"市民广场"（图2-12）。

如果说西方的城市广场被比作"城市的客厅"，那么中国古代的广场空间则可以被看作当时市民的"活动中心"。从中国古代的城市广场的类型和发展历程，可以看出中国古代自有的特点，那就是自下而上的等级秩序，以及与生活息息相关的空间特性。无论是都市中心承载着市民情结的街市广场，还是城郊寺庙风景园林式休闲广场，最初都并非为了形而上的"公众意识"而设置的，但是在市民的生活使用中，这些场所逐渐与市民的日常生活以及娱乐活动紧密地联系在一起，因此也就具备了公众广场的特点（图2-13、图2-14）。

在我国城市建设高速发展的今天，

图2-12　街市广场

图2-13　都市商业广场

图 2-14　寺庙休闲广场

迅速增多的城市广场引起人们的关注。城市广场作为一种城市艺术建设类型，既是一种公共艺术形态，也是一种重要的城市构成元素。城市广场自古存在，中外皆有。它秉承了传统和历史，也传递着美的韵律和节奏。在日益开放、多元、现代的今天，城市广场这一载体所蕴含的诸多信息，又使它成为一种值得深入研究的社会文化现象。

中国古代的城市广场是在中国漫长的封建社会时期，在封建君权和等级秩序的意识形态下，伴随着都城制度的演变而缓慢发展的。它的发展历程也是中国古代市民地位、市民生活形态的演变历程，尽管它的发展基本上以隐性的形式进行，但同样也烙上了深深的市民情结。在今天的城市广场设计中，除了要学习西方现代城市广场的设计手法与理念外，同时也应对中国古代传统意义的城市广场加以了解，关注中国市民的潜在情结，使中国的城市广场既充满现代气息，又富有传统内涵，既能满足城市居民现代化生活的需求，又能符合中国人民特有的情感需要，打造出真正的具有中国特色的现代城市广场。

第二节
欧洲城市广场发展轨迹

在古希腊时期，人类社会活动和生存方式促成了广场的出现，并赋予它独有的空间特质，而这种特质又反过来决定了它为人类所共享的功能——城市生活的场所。城市广场是直接或间接为统治阶级建造或使用的，古希腊城市广场的产生和发展就是一种特定的政治权利的结果。古希腊是一个民主制国家，实行的是自由民民主制度，自由民拥有很大的政治权利。古希腊人非常富于智慧地利用他们的城市公共空间作为理解国家政体形式的基础，广场已成为城市中不可缺少的一个基本要素，成为民主和法律裁决的象征。在广场上，民众被赋予公民权并被要求定期集会，于是法律被讨论并得以通过，国家机器的行为得到了实施，政治领袖的决策得以宣布（图 2-15）。

中世纪城市继承了古希腊城市和古罗马城市的文明，但人们的社会观念发生了相当大的变化，突出地表现在人们崇奉宗教的价值观念上。当时欧洲统一而强大的教权大行其道，教堂常常以庞大的体积和超出一切的高度占据着城市的中心位置，控制着城市的整体布局。围绕教堂布置的广场，是进行各种宗教仪式和活动的地方。除了宗教功能，中世纪的广场还具有市政和商业两大功能，该时期集市广场出现的原动力首先来自于贸易活动，具有强烈的经济特征。集市广场为市场交易提供了场所，因此成为中世纪城市最重要的经济设施。在所有中世纪城市中，集市广场、市政厅和教堂总是相伴而生，共同构成城市及城市生活的中心。可以说，该时期的城市广场是市民生活的大起居室，是各种民间活动和政治活动的中心，是集市、贸易的中心，是具有生活气息的场所，正如扬·盖尔所说，"中世纪城市由于发展缓慢，可以不断调节并使物质环境适应于城市的功能，城市空间至今仍能为户外生活提供极好的条件，这些城市和城市空间具有后来的城市中非常罕见的内在质量，不仅街道和广场的布局考虑到活动的人流和户外生活，而且城市的建设者具有非凡的洞察力，有意识地为这种布置创造了条件"（图2-16～图2-19）。

(a)

(b)

图2-15　欧洲城市广场

图2-16　教堂建筑群

图2-17　集会广场

图2-18　市政厅

图2-19　教堂

文艺复兴时期的广场，占地面积普遍比以往广场的要大，提倡人文主义思想，追求人为的视觉秩序和雄伟壮观的艺术效果。城市空间的规划强调自由的曲线形，塑造一种具有动态感的连续空间。这个时期的广场类型，多为对称式。注重构图的完整性，透视原理、比例法则和美学原理等古典美学法则被广泛地运用，追求完美的广场形状、平缓而舒适的空间尺度和比例，设计手法娴熟巧妙，空间艺术完美成功，科学性、理论化程度明显得到了加强。新建广场讲究采用立体空间设计。广场尺度的大小、景色的配合、周围建筑物的形式、格调，要做到内外结合，虚实相济。广场的功能使用上表现为公共性、生活性和多元性。这一时期的杰出代表有意大利锡耶纳、圣马可、佛罗伦萨和维罗纳等的广场（图 2-20 ~ 图 2-23）。

到了现代，由于社会生活方式的变化和经济技术水平的提高，人们对广场的依赖越来越强烈。并且今天的情况和以往有很大的不同，在人流、交通、建筑等方面都发生着质的变化。城市广场设计重视综合运用城市规划、生态学、建筑学、环境心理学、行为心理学等方面的知识。现代城市广场的发展追求功能的复合化、布局的系统化、绿化的生态化、空间的立体化、环境的协调化、内容与形式的个性化、理念的人性化。可以说，城市广场是一座城市的重要标志。

欧洲城市的发展历经了中世纪、文艺复兴到工业革命的漫长的时期，城市广场的形式及设计原则也伴随着城市社会生活的变迁不断地变化。中世纪宏伟、庄严、象征中央集权政治和寡头政治的"君权至上"的设计方法，具有强烈秩序感的城市

图 2-20　锡耶纳广场

图 2-21　圣马可广场

图 2-22　佛罗伦萨广场

图 2-23　维罗纳广场

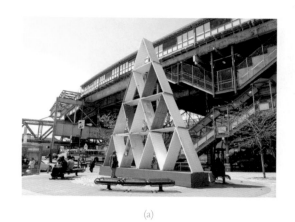

图 2-24　人性化设计

轴线系统，由宽阔笔直的大街相连的豪华壮阔的城市广场，为极少数贵族们带来了满足和快乐，也提供了一种前所未有的城市体验，当时的这种设计理念迎合了贵族和统治者的心理需求。到工业革命时期，由于城市经济功能的膨胀，"技术至上"的设计理念大行其道，仅看重物质化的城市形态、结构和城市空间而忽视人的生活和情感需求，忘记了城市广场最终是城市人民的广场。城市广场的设计、布局、规模、设施及审美，均应以满足广大人民的需求为衡量标准。21 世纪更趋向于"以人为本"的设计原则，将尊重人、关心人作为设计指导思想，落实到城市空间环境的创造中（图 2-24）。

从欧洲传统城市广场空间、形式等的发展脉络中可以发现，人的社会活动和经济活动促使城市广场形成，而人与人之间的社会关系才是影响城市广场发展的主要因素，更进一步说，统治阶层直接决定了城市广场的发展方向。人的社会需求只要求城市广场具备集中的空间，封闭与否、规则与否、对称与否都无关紧要，重要的是宜人的尺度和丰富

的活动空间。随着统治者权力集中，市民的社会地位趋向从属，城市广场已经不再是重视社会下层市民日常生活的空间，完全成为统治阶层纯粹的"摆饰品"，甚至成为巩固或抢夺政治权力的政治工具。因此，这个时候的城市广场注重的是严格的空间形式，讲究的是宏大、规则、对称、轴线，这些都强烈地体现出统治阶层的权力和统治欲望。当国家政体愈具民主色彩时，城市广场愈表现出对人性的关怀和对生活的积极意义，成为市民日常生活的公共场所。

第三节
国内广场的发展趋势

受西方城市规划思想影响的城市广场倾向于更大程度的公共性、开放性、丰富性和多样性，体现了城市广场多元化的文化魅力。

20 世纪 50 年代建设的广场，大多模仿苏联模式，追求规则的几何构图、严谨的轴线关系，布局单调雷同，形式僵

化，因而大多千篇一律，缺乏个性（图2-25、图2-26）。

50—70年代，这一时期建设的广场多以政治为中心，结合周边建筑的城市道路的拆建，在空间比例、广场设施、小品绿化等方面有较大改善，形成了具有特色的城市空间（图2-27、图2-28）。

80年代以后至今，由于社会重心的转移，这一时期的广场建设呈现出多元化的趋势，有以商业为中心的商业广场、反映政治中心的市政广场，也有用于居民娱乐、休闲、健身的休闲广场（图2-29～图2-32）。

广场围合以建筑为多。当今由于城市道路交通的迅速发展，国内的一些广场有不少都是用道路围合，广场原有的功能消失，逐渐演变成道路交叉口。例如，某市区的广场，改造前是一个空间丰富的广场，广场中间的小活动场和展览馆门前宽阔的绿地遥相呼应，加之展览馆广场四周建筑丰富的轮廓线、适宜的建筑体量，使得该广场吸引了许多游人；改造后的广场，虽然对其环境进行了改善，但是高高的立交桥上高速行驶的汽车和显得低矮的展览馆极不和谐。一些广场的一侧或几侧布置了建筑，但是由于建筑设计时没有统一规则，新建筑风格没有与旧建筑相统一，周边的围合建筑在立面造型及体量上缺乏协调统一性，破坏了广场的整体性和内在的秩序性，也就降低了广场空间活动的亲和度和可停留性。

图2-25 莫斯科红场

图2-26 几何布局广场

图2-27 中国印广场

图2-28 青铜器文化广场

图 2-29 商业广场

图 2-30 市政广场

图 2-31 娱乐广场

图 2-32 健身广场

一、我国城市广场现阶段存在的问题

1. 功能单一

目前,我国城市广场虽然渐渐从"商业化"开始向市民户外公共交流场所的方向发展,但仍然存在一些问题,比如广场的使用时间和使用功能过于单一。在夜间看来熙熙攘攘的广场,在白天却由于大部分市民上班、上学而使用者寥寥。单一的使用功能导致了使用时间段的单一,出现了使用高峰期广场十分拥挤,平时空荡荡的现象。这需要设计师在进行广场设计时发掘广场空间的潜力,使广场在不同时段都具有人气(图 2-33、图 2-34)。

2. 尺度过大

目前从已经建成和正在修建的城市广场来看,由于攀比成风,城市广场的规模

图 2-33 白天

图 2-34 夜晚

似乎越做越大，尤其是地县一级城市，以为大就是好，大就是不落后，其中也有互相攀比的因素。国内有些城市不顾市情盲目攀比，求大求全。广场维修工比游客还多，浪费人力、物力等社会资源。优秀的广场设计要因地制宜，结合本土人流和车流进行设计。

3. 地域文化体现不足

我国城市广场发展历史不长，加上有些广场照搬西方与苏联模式，导致我国大部分广场形式陈旧，缺乏个性，设计缺乏明确的指导，不能满足城市生活的需要。广场缺乏个性、千人一面的现象，是当前广场设计的最大弊端。一些设计只是照搬外国建设成功的广场的表面形式，而没有结合本地方的实际情况，对本地方历史和文化底蕴的挖掘不够。出现低头是铺装、平视见喷泉、仰脸看雕塑、台阶加旗杆、中轴对称式等情况。广场建设缺乏文化理念设计素材和根据，一味追求一些图案化的表面及所谓"后现代化"的造型，使得广场的内容远看似有，近看却无，从而失去了地方特色（图2-35）。

将旧的建筑全部推倒重建，割断了历史，割断了与传统文化的历史联系，即使在建筑表面做点文章，也很难从实质上反映出当地文化特色。一位新加坡建筑专家曾尖锐地指出："一座城市历史文化遗产的大量破坏，就是城市特色的消失，就意味着这座城市在国际竞争中的优势逐渐丧失。"广场的主题和个性塑造，依赖于地方传统文化。它或以丰厚的历史沉淀为依托，使人在闲暇徜徉中了解城市的历史文脉；或以特定的民俗活动加以充实，提高

(a)

(b)

图2-35 图案化设计

人们参与度。

4. 公共空间缺少私密性设计

在广场空间环境设计中，能否保障半公共行为和私密行为的实现，以及广场公共空间是否设置母婴室等私密性空间，也是广场设计品位的反映。因此，在设计广场时要充分考虑到广场的空间层次、游人行为的多样性及广场内容的可接触性，充分体现以人为本的精神（图2-36）。

5. 设计元素使用不当

铺地材料、设施等，是广场设计必要的元素和物质基础，是表达广场设计的物质载体。随着现代工程技术的迅猛发展，广场能利用的材质也如雨后春笋，层出不穷，极大地丰富了广场的形式和内容，促进了广场设计理念的发展。但是，设计中

(a)

(b)

图 2-36 公共行为

图 2-37 广场设施

图 2-38 广场设计物质载体

图 2-39 乱扔垃圾

图 2-40 设施破坏

如果选材不当，问题会随之暴露出来（图2-37、图2-38）。

6. 管理维护不到位

有些广场的设计建设，均达到了较高的标准，但是因缺乏后期管理与维护，广场中部分景观及设施损坏后却没有得到及时的修复，造成广场整体景观受影响，甚至出现果皮和废纸遍地可见、车辆随便出入、角落里垃圾腐烂、道路上污水横流等现象，广场几乎沦为无人爱护的闲置空地（图2-39、图2-40）。

广场的优美环境首先是靠建设，其次是靠管理。广场建成后应立即建立一个完整的物业管理体系，时刻监控广场的各项设施及景点，发现损坏应及时修复；发现乱扔乱画、随意停放车辆的现象，应及时

40

制止，严加管制；对于违规行为应予以处罚；同时，通过宣传教育增强游客的自觉性和主人翁意识，使广场不仅具有休闲、娱乐的功能，同时具有教育和提高市民道德素质的功能。此外，拥有大量高素质的城市空间环境设计者、管理者和维护者，也是高质量环境的重要保证。

当前广场建设中存在的问题并不主要在于设计的美学方面，更在于其与现有城市的地域自然条件、社会人文特色及城市规划的契合关系和广场建设的实际操作组织问题。在这里既有规划设计的专业水平问题，又有专业以外的社会和城市建设部门的认识和观念问题。广场规划，一方面要汲取国内外优秀的城市广场设计经验，另一方面要认真分析现代城市环境建设中人们对广场的需求，应注意通过广场来表达和强化地域文化与场所精神，创造功能完善、特色鲜明和优美舒适的城市开放空间。

二、未来城市广场发展趋势

广场的多样化和个性化是保持城市的生命力和可持续发展的关键。以往城市广场在功能、内容和形式上都越发跟不上历史前进的需要，探索未来城市广场发展的趋势是世界各个国家共同面对的重要研究课题。从城市发展方面看，未来的城市广场发展将呈现以下趋势。

1. 广场空间多功能复合化和立体化

广场是多元文化的物质载体，而城市空间用地紧张、交通阻塞等问题的日趋严重化，以及人们对城市空间活动的舒适度需求指数的不断提高，越发突显出城市空间潜力开发的紧迫性。要充分利用空间不同形态和不同层面的垂直变化，美国费城、加拿大多伦多和蒙特利尔的地下街系统（图 2-41），以及美国明尼阿波利斯、辛辛那提和英国伦敦的高架天桥系统是值得借鉴的。日本充分利用地面有效的空间规划设计空中（屋顶）广场、台阶状斜面广场、下沉式广场（图 2-42 ~ 图 2-44）等多种形式的公共开敞空间。空间设计已经从注重功能发展到精神追求的境界，以使人们在城市空间中获得自在轻松感、亲切感和活动的安全感。

2. 广场类型多样化和规模小型化

城市广场将打破一座城市仅建设少量的大而空的广场的传统形式，通过增加广场的数量满足不同文化、年龄和层次的人

图 2-41　地下街

图 2-42　空中（屋顶）广场

的各种各样的需要。以占地面积少的中小型广场为主，充分利用临街转角处的建筑物留下的部分空间，或两座建筑之间的空地（图2-45）。建设分散的小型街心广场、商业区广场、居民区广场（图2-46～图2-48）等，以起到节省资源、疏散人流的作用，也为城市空间增添丰富的景观，真正拉近广场与人的距离。通过建设均匀分布的道路网络，方便人们从不同方向、距离到达广场。

3. 追求空间的绿色生态化

由于城市人口的不断增长，形成了林立的密集型高层住宅及高架桥，使得整座城市被钢筋水泥包裹着，城市空间拥挤不堪，令人窒息。人工建筑的比重日益增大，属于自然的成分逐渐减少，一栋栋高楼大厦令人骄傲地拔地而起，却吞没了以往美丽的天际线；一条条宽阔马路的出现方便了人们交通的同时也拉开了人与人之间的距离。噪声、灰尘、汽车排出的尾气威胁

图 2-43　台阶状斜面广场

图 2-44　下沉式广场

图 2-45　转角处广场

图 2-46　街心广场

图 2-47　商业区广场

图 2-48　居民区广场

着人们的健康。人们越来越认识到人类在追求高度物质和精神文明的同时，不可缺少绿色生态化和温馨的人性环境。追求城市空间的绿色生态化、人性化，已成为全人类共同奋斗的目标。广场作为城市空间中的绿色空间，在设计上应该尊重人性、重视自然环境（图2-49）。

近十年，我国城市绿化广场如雨后春笋般出现，不少公园也相继拆掉原有的围墙，改成了绿化广场。纯粹意义上的城市公共绿地，已逐渐演变为城市广场的一个组成部分。

4. 突出城市地域文化

地域文化的体现可以是某一自然特征、气候、有代表性的建筑形式、有特点的生活习惯、图腾、服饰等，使当地人感

到亲切和自豪，使外地人深刻地感到文化的异同。例如，庄严雄伟的教堂、造型奇特的木屋、典雅别致的楼宇、一句家喻户晓的诗词、一件民族特色剪纸等，无不给人留下个性鲜明的深刻印象（图2-50~图2-53）。城市广场的文化底蕴和鲜明的个性关系到该城市的长久繁荣昌盛，同时也是这座城市的生命所在。因此，保护历史文化传统，突出城市地域文化，这一主导思想是得到人们认可的设计方向。

综上所述，未来广场的发展更加趋向复合化、立体化、多样化、小型化、绿色生态化。城市广场被人们称为"城市的客厅，市民的起居室"。据专家统计，"上海市规划局对本地园林绿地所带来的产

(a)

(b)

图2-49　绿色生态广场

图2-50　木屋

图2-51　楼宇

图 2-52 诗词

图 2-53 剪纸

氧、吸收二氧化硫、滞尘、蓄水、调温进行量化，发现每年的绿化效益竟达 89 亿元。"在进行设计时，应注重经济效益、社会效益，不但要注重近期利益还要注重远期利益，以兼顾局部利益和整体利益为原则。不能片面地追求经济效益而破坏生态环境，应该为我们的子孙后代留下一个良好的可持续发展空间。

应充分考虑广场的性质和使用功能，切不可将交通广场设计成为休闲广场，这样不仅不会疏导交通，反而因人流拥挤，使得交通堵塞，影响货流、物流的运转，造成经济损失。广场的布局要合理，不可将广场设在远离人烟的城市郊外，人们难以到达的地方，应设在城市中心或街区中心，交通发达的地方。在广场的周围可设置顺应人们需求的经济项目，并使效益与市民的公共利益相平衡。

第四节
案例分析——中外广场设计

一、国内广场

1. 大连星海广场

星海广场是位于大连南部海滨风景区的一个广场，是大连市的城市标志之一，原是星海湾的一个废弃垃圾填埋场（图 2-54）。星海湾改造工程始于 1993 年 7 月 16 日，市政府利用建筑垃圾填海造地 114 公顷，开发土地 62 公顷，形成了总占地面积 176 公顷的世界最大城市公共广场，外圈周长 2.5 千米，是北京天安门广场面积的 4 倍。红色大理石的外围是黄色大五角星，红黄两色象征着炎黄子孙。广场周边还设有 5 盏高 12.34 米的大型宫灯，由汉白玉柱托起，与华表交相辉映。广场四周，布置了造型各异的 9 只大鼎，每只鼎上以魏碑体书有一个大字，共同组成"中华民族大团结万岁"，象征着中华民族的团结与昌盛。

2. 大连奥林匹克广场

大连奥林匹克广场是为纪念大连建市百年，弘扬奥林匹克精神而建的。广场建成于 1999 年，是大连建市 100 周年的献礼工程，如今成为大连一道亮丽的风景。广场面积 6 万平方米，分南北两部分。南部有 1 个足球场、12 个网球场和 4 个门球场；北部广场不但矗立着五环标志，

(a)

(b)

44

(c)

(d)

图 2-54　星海广场

(a)

(b)

图 2-55　奥林匹克广场

而且整个广场也是由象征着五环的五个圆组合而成的。广场东西两侧各有一个约有700个喷头的音乐喷泉，像两只高擎的巨手，把五大洲高高地托起（图2-55）。

3. 成都天府广场

天府广场位于成都市区中心地带。广场上绿草茵茵，鲜花争艳，在大厦林立的都市是一道独特的风景线。广场西面的皇城清真寺在广场修建之前已存在数百年，1997年，这一伊斯兰教堂以崭新的面貌呈现在世人面前。广场北面是四川美术馆，正北是省展览馆，广场东面的锦城艺术宫曾经是西南最大的艺术殿堂。紧邻的人民商场是全国著名的商场之一，广场上的喷泉造型新颖，蜿蜒向上的走势显出独特的气势（图2-56）。

(a)

(b)

(c)

图 2-56　天府广场

(a)

(b)

图 2-57　圣马可广场

二、国外广场

1. 圣马可广场

圣马可广场是由公爵府、圣马可大教堂、圣马可钟楼、新旧行政官邸大楼、连接两大楼的拿破仑翼楼、圣马可大教堂的四角形钟楼、圣马可图书馆等建筑和威尼斯大运河所围成的长方形广场，东西长170多米，东边宽80米，西边宽55米，总面积约1万平方米，呈梯形。广场南、北、西三面被宏伟壮丽的宫殿建筑环绕（图2-57）。广场四周的建筑从中世纪到文艺复兴时期的都有。风格优雅，空间布局完美和谐，石雕生动、逼真，被誉为"欧洲的客厅"。

2. 卡比多广场

卡比多广场是一个市政广场，雄踞于罗马行政中心卡比多山上，是对称的梯形。前沿完全敞开，以大坡道登山，可俯瞰全城，气势雄伟，是罗马城的象征。它的立面经过米开朗琪罗的调整，形成一座钟塔。广场一侧是档案馆，建于1568年，现为雕刻馆；一侧是博物馆，建于1655年，也叫新宫，现为绘画馆。两馆的立面都不高大，但雄健有力。广场正中为罗马皇帝马库斯·奥瑞利斯的骑马青铜像，由地面的几何图案统一在建筑群的构图中。广场前沿栏杆上放有三对古代石像，形成富有层次的景色。参议院前的大台阶也有雕刻

装饰。这个广场是建筑和雕刻的综合体，是罗马最美的广场之一（图2-58）。

3. 三权广场

三权广场位于巴西首都巴西利亚，是一座露天广场。广场周围的建筑设计构思大胆、线条优美、轻盈飘逸。三权广场代表行政、立法和司法三种权力，这里被称为巴西的神经中枢。中央是一幢28层的建筑，广场对面的右手边是上议院，屋顶似倒扣的碗，左手边是下议院，屋顶好似一个餐碟，两幢建筑相映生辉，都是建筑大师奥斯卡·尼迈耶的作品。喷泉旁边是一尊没有刻画眼部表情的女士雕像。她被称为"失明的法官"，用来隐喻那些有失公平的评判，以此来警示执法人员要坚守正义（图2-59）。

(a)

(b)

图2-58 卡比多广场

(a)

(b)

图2-59 三权广场

思考与练习

1. 中国最早出现广场的概念是什么时期?

2. 唐宋时期出现的勾栏、瓦市代表着什么?

3. 原始聚落广场形态的形式是什么?

4. 欧洲城市广场最开始的用途是什么?

5. 文艺复兴时期的广场具有什么特点?

6. 中国现阶段广场有哪些亟待解决的问题?

7. 请对我国的天安门广场的建筑特色、设计手法等方面进行简要分析。

8. 请展开思考未来城市广场将会发展成什么样子。

第三章
广场设计形式

章节导读

城市广场成为城市居民生活的一部分, 为我们的生活空间提供了更多的物质线索。城市广场作为一种城市艺术建设类型, 既承袭传统和历史, 也传递着美的韵律和节奏。它是一种公共艺术形态, 也是一种重要的城市构成元素。在日益开放、多元、现代的今天, 城市广场这一载体所蕴含的诸多信息, 成为规划设计领域一个深入研究的课题(图 3-1)。

学习难度: ★★★☆☆

重点概念: 基本原则、设计手法、特色设计

第一节
基本设计原则

城市广场的设计是近几年兴起的。长期面对着城市的钢筋混凝土, 更多的人想要亲近自然、融入自然。长途跋涉地去欣赏自然景观是很难去实现的。在时间与消费观的基础观念下, 城市广场正好满足了这个需求（图 3-2 ）。

一、人文原则

现代城市与园林景观中的广场是人们进行交往、观赏、娱乐、休憩等活动的重要城市公共空间, 其规划设计的目的就是使人们更方便、舒适地进行多样化活动。因此, 现代广场规划设计要贯彻以人为本的人文原则, 要注重对人在广场上活动的环境心理和行为特征进行研究, 创造出不同性质、功能、规模且各具特色的广场空

图 3-1　广场设计

图 3-2　城市广场设计

图 3-3　人文设计

间，以适应不同年龄、阶层、职业的人的多样化需要（图 3-3）。

广场中首先应设置各种服务设施，如厕所、售货亭、健身器材、小型餐饮店、

交通指示触摸屏等，还应设置广场灯、休闲座椅、遮阳伞、垃圾箱，配置灌木、绿篱、花坛等，处处体现以"人"为中心，时时为"人"服务的宗旨（图 3-4~ 图 3-12）。

其次是特殊人群设计，无障碍通道是广场人性化设计中必不可少的因素。保障每个市民有权享受到广场的美好氛围（图 3-13、图 3-14）。

二、系统原则

把握城市和园林空间体系的合理分布。广场是城市和园林空间环境的重要节点，在城市和园林空间体系中占据重要地位。对它的建设不能简单地"见缝插针"，而应该经过大量的社会调研、分析、讨论。将城市广场纳入城市和园林空间环境体系中，进行统一规划、统一布局、统一协调，既发挥广场"画龙点睛"的作用，又形成

图 3-4 公共厕所   图 3-5 售货亭   图 3-6 健身器材

图 3-7 休闲座椅   图 3-8 照明灯   图 3-9 电话亭

图 3-10 小型餐饮店   图 3-11 遮阳伞   图 3-12 垃圾箱

图 3-13 无障碍通道   图 3-14 设施摆放处

整体统一的空间关系（图 3-15）。

如北京天安门广场等，这类型广场往往处于建筑密度大、容积率高、车流量与人流量较大、交通线路复杂的城市中心区。在设计上要处理好广场与周围用地、建筑物及交通的关系，使它真正成为城市整体空间环境的核心（图 3-16、图 3-17）。

图 3-15　统一规划

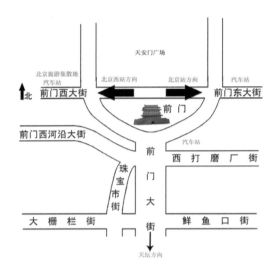

图 3-16　广场交通规划图

(a)

(b)

图 3-17　道路交通

如深圳东部华侨城前广场，整个广场园林造景群体形象鲜明、优美，空间组合生动、丰富，是东部华侨城的重要标志之一（图 3-18）。

(a)

(b)

(c)

(d)

图 3-18　深圳华侨城

三、生态原则

体现社会可持续发展的原则。可持续发展是指既满足当代人的需求，又不损害后代人满足其需求的能力的发展。换句话说，就是指经济、社会、资源和环境保护协调发展，它们是一个密不可分的系统，既要达到发展经济的目的，又要保护好人类赖以生存的大气、淡水、海洋、土地和森林等自然资源和环境，使子孙后代能够永续发展和安居乐业（图3-19）。

现代城市广场设计应该以城市生态环境可持续发展为出发点。在设计中充分引入自然，再现自然，适应当地的生态条件，为市民提供各种活动发生的场所，创造景观优美、绿化充分、环境宜人、健全高效的生态空间（图3-20）。

如果广场设计只注重硬质景观效果，植物仅仅作为点缀、装饰，那么人与自然的关系就不再亲密，而实际上人与自然的关系应该是亲密的。在现代广场设计中，我们应该从城市生态环境的整体出发，一方面应用园林景观设计的方法，通过构思、融合、插入、以小见大、借景等手段，将设计展现在点、线、面不同层次的空间领域中，并结合当地的生态景观与特色景点，让人们在有限的空间中，领略和体会到无限自然环境带来的自由清新和愉悦。另一方面城市广场设计要特别强调其生态小环境的合理性，既要有充足的阳光，又要有足够的绿化，冬暖夏凉，趋利避害，为居民的各种活动创造宜人的空间环境（图3-21）。

图3-19 生态可持续发展

图3-20 自然生态环境

(a)

(b)

图3-21 生态广场设计

四、特色原则

突出广场的个性创造。个性特色是指广场在布局形态与空间环境方面所具有的与其他广场不同的内在本质和外部特征。有个性特色的城市广场，其空间构成有赖于它的整体布局和6个要素（即建筑、空间、道路、绿地、地形与小品细部）的塑造，同时应特别注意与城市和园林整体环境风格的协调。

首先，城市广场应突出人文特性和历史特性。通过特定的使用功能、场地条件、人文主题以及景观艺术处理，塑造广场的鲜明特色。同时，继承城市的历史文脉，适应地方风情、民俗文化，突出地方建筑艺术特色，增强广场的凝聚力和城市旅游吸引力。其次，城市广场还应突出地方自

然特色，即适应当地的地形地貌和气温气候等。城市广场应强化地理特征，尽量采用富有地方特色的建筑艺术手法和建筑材料，体现地方园林特色，以适应当地气候条件。

如西安的钟鼓楼广场，以特定的民俗活动加以充实，提升人们的参与度，以充分体现广场的地域文化内涵。在广场设计阶段，应因地制宜、强化地方特色，"晨钟暮鼓"这一主题向古今双向延伸，在空间处理上吸取中国传统空间组景经验，与现代城市外部空间的理论相结合，为古城西安提供了一个"城市客厅"（图3-22）。如天安门是北京的标志，布达拉宫是拉萨的标志一样（图3-23、图3-24）。顺应地方文化特征，反映地

(a)

(b)

图3-22　钟鼓楼广场

图3-23　天安门

图3-24　布达拉宫

方特色，以形成"来此必游"的社会效益。当今的广场建设越来越多地呈现出向地域性、文化性发展的趋势。

地方特色包括两方面，一方面是社会特色，另一方面是自然特色。首先，城市广场设计要重视社会特色，将当地的历史文化，如历史、传统、宗教、神话、民俗、风情等融入广场设计构思当中，以适应当地的风土民情，突显城市的个性，避免千城一面、似曾相识的感觉。

哈尔滨市因其历史的原因，城市的建筑独具特色。庄严雄伟的圣·索菲亚教堂、造型奇特的俄罗斯木屋、典雅别致的哥特式建筑、豪华的欧式建筑等，令人不禁赞叹（图3-25~图3-28）。哈尔滨市建筑艺术广场设计，突显了这一历史文化特性。广场采用规整式布局，以圣·索菲亚教堂

为中心，以其独特的魅力，显示了哈尔滨市的风貌，提高了该城市的文化品位和知名度。

自然特色也是不可忽视的设计要点，要尽量适应当地的地形地貌和气温气候环境。不同的地区、气候、地势、自然景观均有所区别，每一个城市广场的面积大小、形状、道路交通、周围建筑、日照、风向等各种因素也各不相同，如我国海南省自然景观（图3-29）。

中华文化博大精深，是以华夏文明为基础，充分整合全国各地域和各民族文化要素而形成的文化。五十六个民族都有自己的地方特色文化，如何将各个民族的特色文化融入广场设计中是一件非同小可的事情，需要设计师运用自身的专业知识与人文素养。

图3-25 圣·索菲亚教堂

图3-26 俄罗斯木屋

图3-27 哥特式建筑

图3-28 欧式建筑

五、完整性原则

在设计之前，首先要确定广场的主要功能，保证广场的功能性与广场环境的完整性。在此基础上，辅以次要功能，主次分明，以确保其功能上的完整性。应该充分考虑广场的环境的历史背景、文化内涵、周边建筑风格等问题，以保证其环境的完整性。

1. 地面铺装

广场要有足够的铺装硬地供人活动，同时也应保证不少于广场面积25%的绿化地，为人们遮挡夏天烈日，丰富景观层次和色彩（图3-30、图3-31）。

2. 交通流线

广场交通流线组织要以城市规划为依据，处理好与周边的道路交通关系，保证行人安全。除交通广场外，其他广场一般限制机动车辆通行（图3-32、图3-33）。

3. 设计理念

广场的小品等应以"人"为中心，时时体现为"人"服务的宗旨，处处符合人的尺度。如飞珠溅玉的瀑布、此起彼伏的喷泉、高低错落的绿化，让人感受到自然的气息，神清气爽（图3-34、图3-35）。

六、突出主题原则

即围绕着主要功能，明确广场的主题，形成广场的特色、内聚力与外引力。

(a)

(b)

图3-29　自然景观

图3-30　地面铺装

图3-31　绿化铺装

图 3-32 广场交通流线

图 3-33 限制通行标志

图 3-34 喷泉

图 3-35 绿化

因此，在城市广场规划设计中，应力求突出城市广场在塑造城市形象、满足人们多层次的活动需要与改善城市环境方面的三大功能，并体现时代特征、城市特色和广场主题。

1. 文化内涵

文化是城市的灵魂所在，没有文化熏陶的城市就像没有灵魂的孤岛，今后的城市发展也将寸步难行。文化内涵能反映出一座城市的精神面貌。

英雄广场是匈牙利首都布达佩斯的中心广场，是一处融合了历史、艺术和政治的胜迹。广场是 1896 年为纪念匈牙利民族在欧洲定居 1000 年而兴建的，1929 年完工。整个建筑群壮丽宏伟，象征着几经战争浩劫的匈牙利人民对历史英雄的怀念和对美好前途的向往。具有历史纪念意义的英雄广场，现在已成为国内外游人参观游览的胜地。在重大节日或外国元首来访时，都要在英雄广场举行盛大的仪式（图 3-36）。

街道与建筑物等共同构成城市的活动中心。在设计时，要考虑到广场所处城市的历史、文化特色与价值。注重设计的文化内涵，将不同文化环境的差异和特殊之处加以深刻领悟和理解，设计出该城市，该文化环境下，该时代背景下的文化广场。用适合该广场的表现形式来表达。

2. 空间比例上的协调统一

城市文化广场的结构一般都是开敞式的，组成广场环境的重要因素就是其周围的建筑。结合广场规划性质，保护历史建筑，运用合理适当的处理方法，将周围建筑很好地融入广场环境中。可将广场空

57

(a)

(b)

(c)

(d)

图 3-36　英雄广场

间的类型和层次看作广场环境系统的空间结构，丰富空间的层次和类型是对系统结构的完善，将有助于满足广场使用多样性的需求。

丰富空间的结构层次，可以利用尺度、围合程度、地面质地等手法从广场整体中划分出主与从、公共与私密等不同的空间领域。在不同空间，丰富空间边沿的状态。人的行为表明，人在空间中倾向于寻找可依靠的边界，即"边界效应"。环境通过物质形式向人提供传达环境意义的线索。因此，在空间边沿的设计中，丰富其类型，提高人们选择的可能性，从而满足人们多样性的需求。

长安广场是位于东莞市长安镇中心的一座现代广场。广场集西方建筑风格和中国园林建筑艺术于一体，是长安镇目前规模较大的市政文化设施，可容纳数万人集会，为镇内三十多万人提供了优美的休闲场所（图 3-37）。

3. 广场与交通组织上的协调统一

城市广场的人流及车流集散及交通组织，是保证其环境不受外界干扰的重要因素。城市交通由广场的交通组织和广场内部交通组织两部分组成。城市交通与广场的交通组织上，要保证由城市各区域到达广场的方便性。在广场内部的交通组织上，考虑到人们以参观、交往及休闲娱乐等为主要内容，组织好人流车流，形成良好的内部交通组织，使人们在不受干扰的情况下，拥有欣赏文化广场的场所及交往机会（图 3-38、图 3-39）。

(a)

(b)

图 3-37　长安广场

图 3-38　组织车流

图 3-39　人流疏通

4. 提高广场的可识别性

标志物可以提升广场的可识别性。可识别性是易辨性和易明性的总和。因此，可识别性要求事物的独特性，对城市广场来说，其可识别性将增加其存在的合理性和价值。

都江堰广场位于四川省成都都江堰市原灌县。该城市因有 2000 多年历史的大型水利工程都江堰而得名。该堰是我国现存的最古老且依旧在灌溉田畴的世界级文化遗产。设计该广场时，从地域的自然和文化变迁、历史、场所的现状以及当地人的生活及休闲方式诸方面入手，分析问题和解决问题，考虑广场的纪念性、文化与旅游功能，主张设计源于解读地域、历史

和生活。与此同时，设计始终强调广场之于当地人的意义，把唤起广场的人性与公民性放在第一位（图 3-40）。

第二节
常见的广场类型

一、雕塑广场

在广场空间构图中所扮演的角色和发挥的作用，是雕塑与广场进行空间对话的重要方式，也是其联系广场空间的逻辑纽带，更是其三维特性的空间价值体现。广场雕塑也是雕塑的一种形式，仅次于动物雕塑、人物雕塑、城市雕塑等。可供人们

(a)

(b)

图 3-40　都江堰广场

(a)

(b)

图 3-41　雕塑广场

观赏，且观赏价值高，深受广大人民的喜爱。广场雕塑造型可按照制造人的思维或与周围的环境相融合来创造，但总的来说，广场雕塑的造型是抽象的。仔细观赏品味才会发现它的观赏价值（图 3-41）。

公共雕塑及一些环境艺术设施，包括柱廊、雕柱、浮雕、壁画、雕塑小品、旗帜等艺术作品。雕塑是雕、刻、塑三种制作方法的统称，是设计师运用形体与材料来表达设计意图与思想的一种方法。成功的雕塑作品不仅在人为环境中有强大的感染力，而且也是组成环境设计的重要因素，用它本身的形与色装饰环境（图 3-42 ~ 图 3-47）。

星海湾广场充满动感的雕塑，具有很强的节奏感，将更高、更快、更强的精神表现得淋漓尽致（图 3-48）。越来越多的雕塑设计走进人们的生活，谐趣的设计风格，成为人们生活的调味品；具有人情味的雕塑，勾起人们对往事的回忆。

二、滨水广场

水域孕育了城市和城市文化，成为城市发展的重要因素。世界上著名城市大多伴随着一条名河而兴衰变化。城市滨水区是构成城市公共开放空间的重要部分，并且是城市公共开放空间中兼具自然地景和人工景观的区域，其对于城市的意义尤为

图 3-42　柱廊

图 3-43　雕柱

图 3-44　浮雕

图 3-45　壁画

图 3-46　雕塑小品

图 3-47　旗帜

(a)　　　　　　　　　　　(b)　　　　　　　　　　　(c)

图 3-48　充满动感的雕塑

独特和重要。营造滨水城市景观,即充分利用自然资源,把人工建造的环境和当地的自然环境融为一体,增强人与自然的亲密度,使自然开放空间对于城市、环境的调节作用越来越重要,形成一个科学、合理、健康而完美的城市格局。喜欢玩水是人的天性。水空间的多样性和可戏性,是滨水广场设计的一个主要特色(图3-49)。

滨水空间是城市中重要的景观要素,是人类向往的居住胜境。水的亲和与城市中人工建筑的硬实,形成了鲜明的对比。水的动感、平滑又能令人或兴奋或平和。水是人与自然之间情感的纽带之一,是城市中富于生机的体现。在生态层面上,城市滨水广场的自然因素使得人与环境间达到和谐、平衡的发展。在经济层面上,城

市滨水广场具有高品质的游憩、旅游的资源潜质。在社会层面上,城市滨水区提高了城市的可居性,为各种社会活动提供了舞台。在都市形态层面上,城市滨水区对于整体感知一座城市意义重大。

三、景观绿化广场

绿化是广场设计中必不可少的因素,为城市带来新鲜空气、装饰环境和美化城市。它不仅使城市披上绿装,而且其瑰丽的色彩伴以芬芳的花香,更能起到画龙点睛、锦上添花的作用,为广大民众创造优美、清新、舒适的环境。同时,它还能够有效地防治和减轻城市环境污染,吸收有害气体。在炎炎夏日为我们带来一缕清凉,提供荫蔽场所(图3-50)。

(a)

(b)

图3-49 滨水广场

(a)

(b)

图3-50 景观绿化广场

第三节
广场主题定位

无论是什么类型的城市广场，都应有其主题。不同类型的广场设计主题不同，按其使用功能也有不同的定位，如纪念广场、休闲广场、交通广场、商业广场等。

1. 纪念广场

五四广场位于山东省青岛市市南区东海西路，因五四运动而得名。标志性雕塑"五月的风"，以螺旋上升的风的造型和火红的色彩，体现了"五四运动"反帝、反封建的爱国主义基调和民族力量。这座广场已成为青岛的标志性景观之一。五四广场建成后，荣获国家市政工程最高奖"金杯奖"、国家建筑工程最高奖"鲁班奖"（图3-51）。

2. 休闲广场

星海音乐厅广场位于广东省广州市越秀区。星海音乐厅是以人民音乐家冼星海的名字来命名的音乐厅。广场上的雕塑是著名的音乐家冼星海，看上去仿

佛正在扬手指挥，地灯从广场雕塑外围以弧形逐渐蔓延开来，在夜晚格外璀璨绚丽，让人仿佛置身群星的光辉中（图3-52）。

3. 交通广场

沙特莱广场是巴黎市中心的公路交通枢纽，前面是沿塞纳河岸由西向东的交通干道，后面是从巴黎市政厅经罗浮宫旁边到协和广场由东而西的交通要道，前面的桥又是通往巴黎左岸的主要干道，后面是通向火车站东站和北站的塞瓦斯托波尔大街，因此被称为巴黎地面交通的十字路口（图3-53）。

4. 商业广场

天环广场位于广州市天河路正佳广场与天河城之间，是以轻奢主题定位的商业广场。"双鲤鱼型"建筑的顶部由银色的网状钢结构材料罩住，酷似鱼鳞，外立面一律采用可透视的玻璃幕墙。这是一个巨大的开放式购物公园（图3-54）。

不同的国家、民族、地域都有不可替代的广场形态和形式，皆因其地形地貌、历史文化、风土人情各具特色。例如，

(a)

(b)

图3-51 五四广场

■ 广场夜景设计要点

1. 广场夜景照明要突出广场重点，特别是广场标志性的建筑，使之成为广场整体灯光环境中的亮点。

2. 广场夜景照明要做到明暗结合，也要尽量避免眩光、光污染，特别是休闲娱乐区域不可过亮。

3. 广场由于人员较集中，所安装的灯具应做好安全防护，避免行人触电和烫伤。

4. 广场内不宜灯杆林立，这样会影响广场的日间效果，LED 亮化灯具、灯杆设置不应妨碍行人活动和交通。

5. 广场夜景照明慎用 LED 埋地灯。LED 埋地灯的造价比较高且容易产生眩光，维护较为困难，在广场夜景照明设计中要慎用。

(a) 日景

(b) 夜景

图 3-52 星海音乐厅广场

欧洲的广场，或朴实亲切，或庄严理性，或动人浪漫，都会令人流连忘返。在给城市广场定位前，首先应对该城市自然、人文、经济等方面进行全面的了解，并通过提炼和概括，总结出能够反映该城市的地域性、文化性和时代性的主题和将要采用的风格。

(a)

(b)

图 3-53　沙特莱广场

(a)

(b)

图 3-54　天环广场

一、广场设计主题定位

主题广场是具有鲜明个性的广场，是有准确定位的广场，是拥有特色设计的广场。广场的"符号"，如雕塑、铺装、喷水池、公共设施、绿化等方面的设计，同样也起着关键性的作用（图 3-55～图 3-58）。设计的灵感应源于当地的地域、民俗风情、历史文化和经济状况等。成功的广场雕塑不仅给人以强大的感染力，而且也是广场主题的体现。不同时期赋予设计不同的要求和内容。

例如，欧洲中世纪的城市广场雕塑，是以展示君主的个人雕像、宣传君主制统治为主题的雕塑（图 3-59）。现代广场雕塑题材丰富，有的体现出人间亲情，如"母子情"；有的追求回归自然和休闲娱乐，如"下棋""垂钓"等（图 3-60～图 3-62）。另外，广场的雕塑、铺装、喷水池、公共设施等的材料，应避免"千篇一律"地采用磨光大理石、玻璃钢等，如护栏、垃圾箱、电话亭等在造型上也应有独创性。

二、广场设施特色定位

广场座椅不应以石材为主，以免冬天坐起来不舒服；可选用木质材料，因

图 3-55 雕塑

图 3-56 铺装

图 3-57 公共设施

图 3-58 绿化

图 3-59 专制主义雕塑

图 3-60 亲情雕塑

图 3-61 下棋雕塑

图 3-62 垂钓雕塑

为木质材料具有冬暖夏凉的特征，能较好地缓解季节带来的温度差异。对于南方城市广场，因气候炎热，要选择一些高大的树种，起到供人们避暑纳凉之用。以往"低头是铺装（加草坪），平视见喷泉，仰脸看雕塑，台阶加旗杆，中轴对称式"的广场，千篇一律，手法单一。没有个性的广场是没有亲和力和生命力的广场。因此，城市广场设计的一草一木、一砖一石都应该体现对人的关怀，照顾人的感受（图3-63、图3-64）。

雕塑是装点广场的重要设计手法。装点街道和广场的雕塑主要有两大类：写实风格和抽象风格。写实风格的雕塑是通过塑造与真实人物非常相似的造型来达到纪念意义，比如四川省都江堰广场的李冰父子塑像（图3-65）。

抽象风格与写实风格则相反，用虚拟、夸张、隐喻等设计手法表达设计意图。好的抽象雕塑作品往往能引起人们无限的遐思。抽象雕塑不再强调复杂的雕刻，而是更突出雕塑材料本身的精致和工艺的精巧。

国外某城市广场的雕塑，用抽象的线条塑造出独特的造型，丰富了原本单调的广场景观。在广场的其他设施中也加入了雕塑的艺术成分（图3-66）。

图3-63　石质座椅

图3-64　木质座椅

(a)

(b)

图3-65　都江堰广场

(a)

(b)

图 3-66　抽象雕塑

第四节

案例分析——满洲里套娃广场

■ 套娃

套娃是俄罗斯特有的一种手工制作工艺品，具有浓郁的地域风格特色，一般以一套的形式出现，有几个或十几个的娃娃。娃娃的制作材料以椴木为主，因此娃娃有的地方会有木节，但不影响美观。娃娃可做摆设品，也可用来装首饰、杂物、糖果等，也可作为礼品盒。俄罗斯套娃是一份精美的寄予亲情、见证爱情、表达思念的异域风情礼品（图3-68）。

　　套娃广场位于内蒙古呼伦贝尔大草原的腹地——满洲里，中、俄、蒙三国交界地域。套娃广场又叫套娃景区，占地面积 87 公顷，是国家 5A 级旅游景区，是中俄边境旅游区的重要组成部分。套娃广场是全国唯一以俄罗斯传统工艺品"套娃"形象为主题的大型综合旅游度假景区，是以满洲里和俄罗斯相结合的历史、文化、建筑、民俗风情为理念，集吃、住、行、游、购、娱于一体的大型俄罗斯特色风情园（图 3-67）。

　　从广场的平面图来看，广场由 1 个主题套娃、192 个小套娃和 8 个功能套娃组成，异国风情浓郁（图 3-69）。广场集中体现了满洲里中、俄、蒙三国交界地域特色和三国风情交融的特点。广场主体建筑是一个高 30 米的大套娃，建筑面积 3200 平方米，是目前世界上最大的套娃。套娃广场获得上海大世界基尼斯总部"世界最大套娃和最大规模异型建筑基尼斯纪录"。

　　广场中心有一个高大的套娃，是整个广场的主题套娃，主体套娃内部为俄式餐厅和演艺大厅。围绕其转圈，可以发现主题套娃有三个面，一位蒙古姑娘、一位汉族姑娘和一位俄罗斯姑娘，寓意着蒙俄中三国和谐相处（图 3-70 ~ 图 3-72）。

　　在广场音乐喷泉的周围，还有代表中国传统文化的十二生肖和西方占星文化的十二星座。夜色中，在近千盏彩灯的映照下，广场流光溢彩，仿佛一个五彩缤纷的童话世界（图 3-73）。

　　俄罗斯套娃广场将中俄蒙三国风情和东西方文化完美地融合在一起，是集旅游观光和趣味性、娱乐性于一体的满洲里标志性旅游景区，每年来这里游玩参观的游客数不胜数。

(a)

(b)

(c)

(d)

(e)

图 3-67 套娃广场

图 3-68 套娃

图 3-69 广场鸟瞰图

图 3-70 蒙古姑娘

图 3-71 汉族姑娘

图 3-72 俄罗斯姑娘

(a)

(b)

图 3-73 夜景

思考与练习

1. 城市广场的基本设计原则是什么？

2. 人文原则体现了现代社会发展的什么观点？

3. 特色原则在设计过程中需要注意哪些问题？

4. 广场的主要功能由哪几部分组成？

5. 常见的广场类型有哪些？

6. 雕塑广场的组成要素有哪些？

7. 滨水广场在整个广场设计中起到什么作用？

8. 景观广场作为生活中常见的广场，受欢迎的主要原因是什么？

9. 请设计一套广场方案，要求突出广场主题、设计新颖。

10. 请对我国具有民族特色的广场进行分析，并分析设计者的设计理念。

章节
导读

　　经过20年的迅猛发展,从大城市到小城镇,我国几乎所有城镇的面貌都发生了翻天覆地的变化,城市建设速度之快令人惊叹。而作为城镇面貌的主要体现,城镇的街道和广场更是建设中的重中之重,意义也非同小可(图4-1)。

学习难度:★★☆☆☆

重点概念:城镇广场形成、空间形态、周边设施

第一节
广场的形成

　　镇又叫市镇,广义而言包括城市和集镇。集镇是介于城市与乡村之间,以非农业人口为主,并具有一定工商业的居民点。我国的城镇,包括县级建制地区市辖区、县级市、县城、建制镇乡以及没有行政建制的集镇。其人口规模2000~100 000,非农业人口占50%以上。

　　我国农村由于长期处于以自给自足为特点的小农经济支配之下,加之封建礼教、宗教、血缘等关系的束缚,公共性交往活动并不受到人们的重视,在聚落形态中,严格意义上的广场并不多。随着经济的发展,特别是手工业的兴旺,商品交换才逐渐成为人们生活中所不可缺少的要求。在这种情况下,某些富庶的地区,如江南一

图 4-1　城镇风光

图 4-2　商品交易

图 4-3　集市

带，便相继出现了一些以商品交换为特色的集市。这种集市开始时出现在某些大的集镇，后来才逐渐扩散到比较偏僻的农村。与此相适应，在一部分聚落中便形成以商品交换为主要内容的集市广场，主要是依附于街巷或建筑。广场空间或是街巷与建筑的围合空间，或是街巷局部的扩张空间，或是街巷交叉处的汇集空间。其形成一般是被动的，是因地制宜、利用剩余空间的结果，因此占

地面积大小不一，形状灵活自由，边界模糊不清（图 4-2、图 4-3）。

我国目前的一些集镇会进一步发展为城市，一部分会保持集镇的规模，还有一部分会更明确地形成小城镇，而部分乡村也会发展为小城镇甚至向更大规模的集镇及城市发展。因此，清晰的定位对于一座集镇的发展是非常重要的。并不是说，所有的乡村、集镇都要向城市发展。在这一发展过程中，大城市的诸多弊病也暴露出

来。许多乡村还尚未实现城镇化，一夜之间被推平建成了城市。人们发现，其实并非所有的乡村都必须城市化，有些只要达到城镇化就可以了，它们当中的一部分应该以发展小城镇为定位。

西方经济发达国家在城市化发展过程当中，出现了大量农村人口盲目涌进城市的现象，造成城市外围形成大量贫民区的不良后果。我国近三十年的城镇化发展过程中，也出现了这样的迹象。实践证明，这条完全西方式的城市化发展道路是应当引起我们反思的，当前必须加强小城镇的发展，走有中国特色的城镇化发展道路，避免犯西方国家的错误。

由于各方面因素的制约，我国小城镇建设的整体水平不高，一方面传统的小城镇面貌逐渐丧失，另一方面又未能形成具有时代特色的新型小城镇形象。

一、气候要素

气候影响人们的生活。不同国家、不同地区的气候差异很大。广场作为人们室外活动的公共空间受气候影响很大，而且不同地区的人们在广场上进行的活动也会有所不同。因此，在进行广场设计时应充分考虑当地的气候特征，扬长避短，为人们的室外公共生活创造更好的环境（图4-4、图4-5）。

丹麦首都哥本哈根的户外公共生活服务始于早春，持续到晚秋。这使得当地的广场在很多时候成为户外的咖啡馆。例如，位于北乔区的圣汉斯广场，广场的三面被4～5层的建筑包围着，底层有当地的商店、餐馆和咖啡屋。人们在广场步行区充满阳光的咖啡座和喷泉周围，享受着城市生活的乐趣（图4-6、图4-7）。

我国大部分发达地区属于温带和亚热

图4-4　国内广场景观

图4-5　国外广场景观

图4-6　户外咖啡厅

图4-7　喷泉小品

带气候，夏季长且气温高、日照强，使得遮阳成为广场设计中应充分考虑的问题。不少地方在大榕树的绿荫下布置茶座供人们休闲、纳凉，成为南方小城镇的独特风貌（图4-8、图4-9）。我国许多小城镇广场模仿欧洲一些城市，流行"大草坪"广场模式。草坪虽然具有视野开阔、色泽明快的优点，但在调节气候、夏季遮阴、生态效应方面是远不及乔木的，而且我国大部分地区的气候不适宜草坪的种植，草坪的维护成本远远高过乔木。即便如此，某些小城镇还对"大草坪广场"的建造热情不减。

如某地区的入口广场，广场以地毯式的草坪作为绿化，加以低矮灌木作点缀，乔木甚少。人们的公共活动则停留在草坪之间的路径上，夏季活动时将忍受当头烈日的炙烤。这样的广场曲解了公共空间的意义，不仅占用大面积土地，还耗费了巨大的养护费用，却无法充分发挥使用价值，很不合理（图4-10）。

在我国小城镇广场设计中，应考虑当地的气候因素，确定铺地与绿化的比例及绿地中草坪与乔木的比例。设计广场时应提高乔木在绿地中的比例，因为乔木树林是一种复合型用地，既可容纳市民的活动，又可保证广场景观。如将大草坪改为乔木，则可以给人提供更多的休憩及活动空间，而且乔木下的用地还可以多层次利用，既可散步，又可避暑，也可种植花草，还能休闲娱乐，有时也还可以作为临时停车场地。此外，还可极大减少绿化用水量，提供充足的氧气，并降低室外热浪对人们的影响。另外，

图4-8 休闲茶座

图4-9 树下休憩

(a)

(b)

(c) 广场入口设计

图4-10 草坪式广场

应尽量选用适应当地气候的树种，这样可使广场的绿化更有地方性，也利于树木的生长管理（图4-11）。

总而言之，广场是小城镇居民室外生活的重要场所，因而它的设计应充分考虑当地的气候条件，从而满足人们室外活动的需要，绝不能盲目地照抄照搬西方城市广场的设计模式。

二、人为需要

广场设计中最重要的因素就是人的行为需要，因为人是广场的主体。在小城镇中，广场的综合性更强，不同类型的广场一般都兼有城镇居民休闲的功能。在这样的情况下，就更应该将"以人为本"作为设计的基本原则。

从对广场空间形态历史演进的考察中，不难发现广场空间的演化过程，正是一个空间趋向人性化的演变过程。中世纪意大利的小城镇布局一般是城墙包围着中心的空间，广场恰如整座城镇的起居室。得益于意大利在全年大多时间里温暖怡人，意大利人喜欢在充满阳光的广场上呷着令人放松的葡萄酒，怡然自得地闭目养

神。为了充分享受阳光和空气，广场上常常没有一棵树，全部使用硬质铺装。以意大利锡耶纳的坎波广场为例，锡耶纳是意大利中部托斯卡那区的一座古老的小城镇，坎波广场是以城中普布里哥宫为中心发展起来的，始建于11世纪末。15世纪铺装的九个扇形部分向普布里哥宫方向倾斜，在中央高起的部分，于适当的位置设置了从旧时水道引出的喷水池，形成了适于举行户外活动的布局（图4-12）。

基达·斯密斯在他所著的《意大利建筑》一书中这样阐述："意大利的广场，不单单是与它同样大小的空地。它是生活的方式，是对生活的观点。也可以说，意大利人虽然在欧洲各国中有着最狭窄的居室，然而，作为补偿却有着最广阔的起居室。为什么这样说呢？因为广场、街道都是意大利人的生活场所，是游乐的房间，也是门口的会客室。意大利人狭小、幽暗、拥挤的公寓原本就是睡觉用的，是相爱的场所、吃饭的地方，是放东西的所在。绝大部分余暇都是在室外度过的，也只能在室外度过。"由于意大利气候宜人，意大利的广场空间与室内的区别仅在于有没有

(a)

(b)

图4-11 广场绿化设计

屋顶。意大利广场的空间形式来源于意大利人千百年来形成的生活习惯，是人的行为因素对公共空间造成的结果。

三、人本理念

1. 归属感

城镇不仅仅是城市居民的生存环境，更是一种生活方式、一种人与自然的关系、一种人与人的社会关系的物化工程。城镇是人造的建筑空间，是自然环境条件对人们工作、生活需求的综合体现。可以说，城镇的社会生活是城市空间最活跃的因素。同理，要创造生活型小城镇，就要把生活的因素放到城镇设计的重要位置，营造居民的生活环境，使小城镇变成风光秀丽、有利生活、方便生活、具有浓厚人情味的生活空间，变成民众喜爱的且有归属感的生活城镇（图 4-13）。

(a)

(b)

(c)

(d)

图 4-12　坎波广场

(a)

(b)

图 4-13　城镇建筑空间

因此，在设计城镇公共空间时，需要十分关注场所与社会活动的互动。一方面，公共空间是社会活动的载体和展示场所；另一方面，社会活动又为城镇空间创造活力和个性，建筑空间与社会活动只有互为依托，彼此互动，才能演绎出多彩的城镇历史，才能构成有意义的经久不衰的空间。

2. 尺度宜人

空间形态和尺度的控制与把握，是城镇空间规划设计中一个举足轻重的问题。传统小城镇大多具有以人为本、亲切宜人的尺度，其设计的主要依据是步行尺度。而目前的小城镇建设，热衷于开大马路的风气盛行，规划设计人员不去研究道路两侧的建筑与道路断面的比例关系，以"大""宽"为先，往往造成城镇街道尺度失调。同时，各地建设了不少大体量的广场，全部采用硬质铺装，缺少必要的功能划分和空间处理。人们置身其中只会感到空旷，根本不会有亲切感，因此，人们很少在广场停留，这种大而不当的广场只能成为城镇宣传图册上徒有虚名的画面。

适宜的空间尺度能够满足人们对广场的需求。太小则显得拥挤，太大反而使人感到空旷、没有安全感，因此应根据人流量与对广场的需要规划广场，避免出现以上现象（图4-14）。小城镇的街道和广场就像城镇的脉络，将城镇的各个空间组织起来，形成和谐统一的城镇空间。但是，如果将不当的尺度运用于城镇空间中，会破坏城镇的和谐美。大中城市有大中城市的尺度，小城镇有小城镇的尺度，小城镇如果盲目照搬大中城市的尺度，按照大中

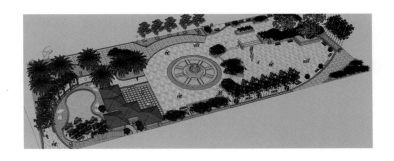

(a)

(b)

(c)

图4-14 合理规划设计

城市的"体量"建设，显然是不合适的。随着城镇规模的扩大、机动车交通的介入，如何处理小城镇空间尺度与步行尺度，特别是街道和广场设计的规划，是重中之重。

3. 步行设计

由于人们行走时都有一种"就近"的心理，对角穿越是人们的行走特性，当人们的目的地在广场外而要路过广场时，人们有很强烈的斜穿广场的愿望；当人们的目的地不在广场之外，而在广场中时，一般会沿着广场的空间边沿行走，而不选择

在中心行走，以免成为众人瞩目的焦点（图4-15、图4-16）。因此，在设计时，广场平面布局不要局限于直角。另外，人们在广场行走距离的长短也取决于感觉。当广场上只有大片硬质铺地和草坪，又没有吸引人的景观时，会显得单调乏味，人们会匆匆而过，还会觉得距离很长；相反，当行走路程中有多种不同特色的景观，人们会不自觉地放慢脚步来欣赏，并且并不感觉这段路程有多长。因此，地坪设计高差可以稍有变化，绿树遮阴也必不可少，人工景观要力求高雅生动，并与自然景观巧妙地糅合在一起。

总之，在当代小城镇的街道和广场设计中，应树立以人为本的设计理念，注重突出小城镇的空间环境特色和宜人的比例尺度的运用，要用"城市设计"的理念和方法创造出优美的城镇景观。

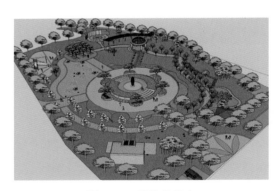

图4-15　沿边线行走

图4-16　对角行走

第二节
街道与广场

随着社会经济的不断发展，我国已经进入城市化加速时期，小城镇建设面临空前的发展机遇。作为其主要景观要素的街道和广场设计，自然就成为人们关注的一个焦点。我国城镇分布地域广，历史文化环境不同，从而形成了各具地域文化特色的城镇广场（图4-17）。

传统聚落是协调自然风景、人文环境与民俗风情的聚居群落，浸透着融合地理环境与天人合一的设计理念。这些聚落既结合地形、节约用地、顺应气候条件、节约能源、注重环境生态及景观塑造，又运用手工技艺、当地材料及地域独到的建造方式，形成自然朴实的建筑风格，体现了人与自然的和谐共生。在因地制宜、顺应自然的设计理念的指导下，传统聚落街道和广场更是创造了多义的空间功能、尺度宜人的空间结构、丰富的景观序列和融合自然的空间变化。

街道和广场是构成小城镇空间的首要

图4-17　广场街道景观

环境因素，也是城镇设计的重要组成部分，是最能体现城镇活力的窗口。它们不仅在美化城镇方面发挥着作用，而且满足了现代社会中人际交往、购物休闲的需要。因此，在小城镇街道和广场的设计中要充分考虑对街道和广场的现代功能需求，同时还要结合城镇自身无可替代的特色，只有这样才能形成具有个性特色的有生命力的小城镇。此外，还要处理好适用与经济、近期建设与远期发展，以及整体与局部、重点与非重点的关系。城镇特色的创造要注重坚持以人为本，尊重自然，尊重历史，这样才能创造出优美的小城镇街道广场的景观特色。

一、城镇街道广场现状

1.缺乏个性与识别性

工业化、机械化生产方式的城镇建设，造成新的小城镇景观雷同，建筑设计风格采用生硬的照抄照搬，失去了传统的特征，千街一面、万楼一貌的现象普遍存在。某些小城镇不顾城镇历史背景，不顾小城镇的整体风貌，一味模仿欧式建筑，使得街道失去了个性。

广场与街道会影响人们对一座城市的第一印象，独具特色的城镇设计能让人眼前一亮。例如，北京长安街，坐落于北京市的东西轴线上，连接着天安门广场，曾被认为是世界上最长、最宽的街道，也是中国最重要的一条街道，"神州第一街"的称号由此而来，重大阅兵仪式都会在这里举行（图4-18、图4-19）。

2.缺乏人文关怀

一方面，道路交通环境的设计过于考

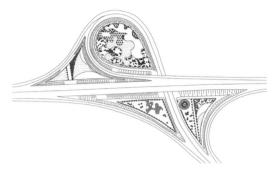

图4-18 街道与广场设计

(a) 日景

(b) 夜景

图4-19 北京长安街

虑机动车的通行，很少考虑为居民提供交往场所。缺乏步行空间和街头广场，人们在小城镇街道上找不到可以安全停留的场所，更谈不上举办丰富多彩的活动了。另一方面，小城镇广场追求大尺度和气派，而不考虑通过人性化的设计让居民驻足使用，人在其中显得十分渺小。

广场是人们休闲娱乐的场所，在设计时需要着重考虑安全、实用、环保、行走便利等要素，拥有人气的广场设计才是人性化的设计（图4-20～图4-23）。

81

3.街道设施不完善

我国许多城镇，只考虑道路交通的基本要求，只考虑对路面的要求，而忽视街道各种设施的建设以及其他供行人使用的多种设施，不能满足人们的使用要求。例如，街道照明不足；步行道地面铺装材料耐久性差，不能满足步行者基本的行走要求；辅助设施严重短缺，如公共厕所、街路标牌、交通图展示板、公共电话亭及必要的休息空间等；街道绿化系统不健全，对缺损绿化修补不及时；缺乏为残疾人、老人、推儿童车的妈妈提供方便的无障碍设计等。另外，因为缺乏妥善的管理，街道景观混乱。沿街建筑形式杂乱无章，没有特色；围墙多为没有修饰的实墙，墙上随意乱贴广告。街道设施缺乏系列化、标准化设计，整体性较差。

广场与街道密不可分，通畅有序的街道才能方便人们到广场娱乐，完善街道的

基础设施是对每个城市市民的安全保障。应增加消防设施、公共厕所、公共电话亭、无障碍通道、路标牌、交通图展示板等（图4-24 ～图4-29）。

近年来随着城镇化进程的快速推进，我国城镇的建设发展取得了重大成就，同时也出现了不可忽视的问题，很多小城镇失去了自己的特色，出现了"千镇同貌"的现象。甚至更严重的是，不少城镇中出现了盲目照搬大中城市空间形态的做法，各地热衷于修建宽阔的道路和空旷的广场，城镇应有的亲切尺度已消失在对大城市刻意的模仿之中，影响了城镇空间形态的健康发展。因此，亟须对城镇空间设计重新定位。

二、街道和广场的设计要点

1.合理规划

小城镇的总体规划往往对城镇形态与

图4-20　安全设计

图4-21　环保设计

图4-22　休闲设计

图4-23　步道设计

城镇主要空间的形成起着决定性的作用。因此，必须以城市设计的理念来指导小城镇的街道和广场设计。首先给城镇中心、主要街道、公共广场合理定位，其次对标志性建筑、边界、空间、建筑小品和绿化、水体等环境要素统筹安排，从而为塑造小城镇优美的街道和广场创造条件（图4-30）。

2. 街道空间设计

在不少城镇中，城镇空间可能主要是围绕某一条街道发展起来的。街道又与街坊相连，相互交合渗透。沿街道建设居住、办公、商店等建筑。街道把周围的自然与人工环境景观、对外交通等与小城镇连接起来，从而形成完整的街道空间。当人们漫步在这一或直或曲的街道中，领略街道空间时，就会感受到步移景异和富有地域特色的小城镇风貌。江西婺源小镇，被评为"中国最美乡村"，素有"书乡""茶乡"之称，是全国著名的文化与生态旅游胜地（图4-31）。

■ 构筑物

通常情况下，所谓构筑物就是不具备、不包含或不提供人类居住功能的人工建筑物，比如水塔、水池、过滤池、澄清池、沼气池等。一般具备、包含或提供人类居住功能的人工建筑物被称为狭义的建筑物。构筑物这一称谓在给排水教科书中应用较多。在水利水电工程中，将江河、渠道上的所有建造物都称为建筑物，比如水工建筑物。

83

图4-24 消防设施　　　图4-25 公共厕所　　　图4-26 公共电话亭

图4-27 无障碍通道　　　图4-28 交通图展示板　　　图4-29 路标牌

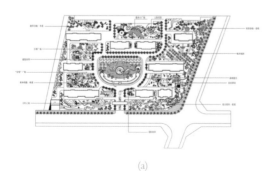

(a)　　　　　　　　　　　　　　(b)

图4-30 空间规划

3. 重视节点设计

节点是空间形态的一个重要组成部分，包括道路交叉点、广场、标志性建筑或构筑物等（图4-32）。这些节点通常是城镇不同空间的结合点或控制点，是人们对小城镇形象记忆的开始。近年来小城镇的景观节点设计已经得到公众的关注和政府的高度重视，但大多数节点设计依旧照搬大中城市的设计手法，如不锈钢雕塑、大理石或花岗石铺地、几何形规则图案。这些设计与小城镇物质空间形态很不协调，使小城镇丧失了地域特色，是一种不可取的设计。小城镇的景观节点设计应结合小城镇独有的地域特色和环境条件，采用适宜的手法，利用当地材料、传统建筑符号，并融合社会、文化传统，展现地方

(a)

(b)

图4-31　婺源小镇

(a) 交叉口

(b) 广场小品

(c) 黄鹤楼

(d) 水塔

图4-32　节点设计

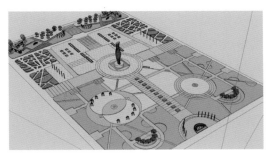

图 4-33　城镇轴线定位

图 4-34　自然景观空间

自然风貌和风土人情，以此来达到景观节点的实用性、观赏性、地方性与艺术性的高度统一。

4. 城镇轴线定位

为了丰富城镇空间环境，可以通过对建筑物及构筑物等小品建筑的精心设计和巧妙安排来创造出一个又一个的景点。同时，用街道和广场把它们联系起来，形成序列，建立起相互的空间联系、功能与视觉上的共生互补的肌理，最终成为美好城镇空间的有机组成部分（图 4-33）。

第三节
广场的空间特征

随着社会的发展，人们对户外空间的需求不断增加，越来越多的人开始关注广场空间的功能。而传统的聚落空间结合地方自然环境特点，使广场空间上产生多功能的形态，因地制宜、顺应自然则成为传统聚落空间的主导思想（图 4-34）。

一、多义性的空间功能

传统聚落在一定意义上是一种功能综合体，其空间意义也是多层次的。人通过

图 4-35　空间层次

感知空间要素的意义而形成一定的空间感受。传统聚落空间形态及内涵的丰富性，形成了空间感受的复合性和多义性。从限定方式上来讲，空间之间限定方式的多样性使得空间相互交流增多，进一步丰富了空间感受；从功能上说，复合空间具有多种用途，进一步丰富了空间的层次感（图4-35）。

从传统聚落中街道和广场空间的处理形式来看，许多空间并不具有清晰明确的空间边界和形式，很难说清楚它起始与结束的界线在哪里。有一些空间是由空间与空间相互接合、包容而成的，包含了不止一种的空间功能，本身即是一种多义的复合空间。

1. 传统聚落街道的复合空间

传统聚落的商业性街道是一种比较典型的复合空间。白天，街道两侧店铺的木门板全部卸下，店面对外完全开敞，虽然有门槛来划分室内室外，但实际上

无论在空间上，还是从视线上，店内空间的性质已由私密转为公共，成为街道空间的组成部分。人们通常所说的逛街，就是用街来指代商店，在意识上已经把店作为街的一部分。晚上，木门板装上后，街道呈现出封闭的线性形态，成为单纯的交通空间（图4-36）。

2. 传统聚落广场的多功能性

传统聚落中除了主要街道外，在村头街巷交接处或居住群组之间，分布着大小不等的广场，构成聚落中的主要空间节点。广场往往是聚落中公共建筑外部空间的扩展，并与街道空间融为一体，构成有一定容量的多功能性外延公共空间，有特定的性质和特征（图4-37）。

传统聚落广场一般面积不大，多为自发形成的，呈不对称形式，很少是规则的几何图形。曲折的道路由角落进入广场，周围建筑依性质不同，或敞向广场或以封闭的墙面避开广场的喧嚣。规模不大的聚落只有一两处广场，平时作为人们交往、老人休息、儿童游戏的地方，当节日人们在这里聚会、赛歌时，就具有了多功能性质（图4-38）。

图4-37　传统街道与广场

(a)

(a)

(b)

图4-36　传统聚落街道

(b)

图4-38　传统聚落广场

二、小城镇广场设计的空间形态

广场按空间形态可划分为平面型和空间型。平面型广场又可以分为规则型和不规则型两种。

1. 规则型广场

有完整的方形、圆形、半圆形及由其发展演变而来的对称多边形、复合形等几何形态。规则的广场平面多经过理性设计，因其容易表达庄严、肃穆的效果，故市政广场和纪念性广场多属于此类型。

如广州花城广场，整个广场以广州塔为中心，以珠江两岸和新中轴线夜景为背景，宛如一朵含苞待放的花骨朵（图4-39）。

2. 不规则型广场

即由不规则的多边形、曲线形等形态构成。这种不规则的形状往往是顺应小城镇街道、建筑布局而自然形成的，一般出现在居住区或商业区中，因其和周围环境密切联系、与自然融合且灵活多变，而受到广大居民的青睐（图4-40）。

三、城镇广场的空间围合

广场的空间围合是决定广场特点和空间质量的重要因素之一。适宜、有效的围

图4-39　广州花城广场

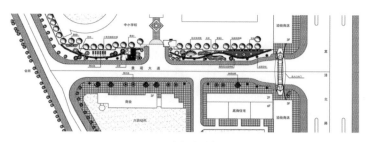

(a) 广场设计

(b) 广场景观

图4-40　不规则型广场

87

合可以较好地塑造广场空间的形体，使人对该空间产生归属感，从而创造安定的环境。广场的围合从严格的意义上说，应该是上、下、左、右及前、后六个方向界面之间的关系，但由于广场的顶面是透空形态，通常只研究二维空间。

1. 广场围合的四种原型

（1）一面围合的广场。封闭性很差，规模较大时可以考虑组织二次空间，如局部上升或下沉（图4-41）。

（2）二面围合的广场。空间限定较弱，常常位于大型建筑之间或道路转角处，空间有一定的流动性，可起到城市空间的延伸和枢纽作用（图4-42）。

（3）三面围合的广场。这种广场的围合感较强，具有一定的方向性和向心性（图4-43）。

（4）四面围合的广场。这种广场封闭性极强，具有强烈的内聚力和向心

性，尤其当这种广场的规模较小时（图4-44）。

虽然广场的平面形式以矩形为多，但是平面形式变化多种多样，因此以上所讨论的四个围合面只是以大的空间方位进行划分的。总体而言，四面和三面围合的广场是最传统的，也是小城镇较多使用的广场布局形式，意大利 MERCATO 广场采用的就是这种典型的围合方式（图4-45）。

作为城镇的公共起居室，这些广场四周围合，较为封闭，为城镇人们的公共生活提供了心理上相对安全隐蔽的空间。简单围合则是目前我国城镇广场空间的发展方向，尤其在新建设的开发区中使用广泛，这样的空间较开敞，适合举行市政活动，易于达到标志性的景观效果，但综合效益较差。

2. 实体划分和非实体划分

（1）实体划分。实体包括建筑、植物、

图 4-41　一面围合

图 4-42　二面围合

图 4-43　三面围合

图 4-44　四面围合

(a)

(b)

图 4-45　意大利 MERCATO 广场

道路、山水小品等，其中以建筑物对人的影响最大，最易为人们所感受（图4-46~图4-49）。这些实体之间的相互关系、高度、质感及开口等对广场空间有很大影响，高度越高，开口越小，空间的封闭感越强；反之，空间的封闭感较弱。对于广场空间而言，实体，尤其是建筑物，应在功能、体量、色彩、风格、形象等方面与广场保持一致。广场的质量来自于广场各空间要素之间风格的统一。一旦建筑实体

过于强调独创、个性和自身的完整，就意味着破坏了广场空间的整体性。

（2）非实体划分。非实体要素的围合则可通过地面高差、地面铺装、广场开口位置、视廊等设计手法来实现（图4-50~图4-53）。同时，还要注意在入口处向广场内看的视线设计问题。意大利许多古老的小城镇广场均以教堂为主体建筑控制全局，广场的围合感很强，故从广场的各个入口处，仅能看到教堂

图4-46　建筑

图4-47　植物

图4-48　道路

图4-49　山水小品

图4-50　地面高差

图4-51　地面铺装

图 4-52　广场入口

图 4-53　广场视廊

的某个局部，美丽如画的引道不停地吸引着人们的视线。

第四节
案例分析——济南泉城广场

泉城广场位于山东省省会济南市市中心繁华地带。2002 年 8 月，泉城广场正式被联合国教科文组织授予"联合国国际艺术广场"称号，成为中国第一个，也是唯一一个获此荣誉的城市广场（图4-54）。

一、泉城颂石刻

在泉城广场西侧入口处，坐落着一座石刻作品——《泉城颂》，与济南三大名胜之首的趵突泉遥相呼应。诗作展示了济南深厚的自然人文底蕴，表达了当代济南面向世界的广阔胸怀，充分体现了著名书法家欧阳中石先生对泉城这片土地的热爱和对家乡人民深厚的感情。于是，《泉城颂》被刻于石碑上，永久保留在济南的标志性广场——泉城广场上，作为泉城人民永久的文化财富（图 4-55）。

二、音乐喷泉

荷花音乐喷泉位于广场中轴线东部、文化长廊西侧。喷泉像一朵盛开的荷花。整个景观由动景与静景有机结合而成，表达"泉育荷"之意，渲染广场艺术与空间气氛，体现生命之源（图 4-56、图4-57）。

三、文化长廊

文化长廊位于泉城广场东侧，是泉城广场东部重要标志性建筑物，也是登高欣赏广场全貌的最佳场所。廊身嵌以中国传

图 4-54　泉城广场

图 4-55　泉城颂

统柱式，体现了传统文化内涵。文化长廊与荷花音乐喷泉为同心圆弧，犹如一弯玉臂将喷泉轻轻环绕，组成了一道协调的风景线。既以优美活泼的泉和荷花表现出泉城特色，又以真实丰富的历史丰碑传诵着齐鲁文化（图4-58、图4-59）。

四、广场雕塑

大型钢制异形曲杆主题雕塑《泉》高38米，重170吨，在广场主轴与榜棚街副轴相交处拔地而起，为国内所罕见。它取篆书"泉"字之神韵，3股"清泉"扭曲上升，恰与济南市市标的创意相和。

(a)

(b)

图4-56　日景

(a)

(b)

图4-57　夜景

图4-58　日景

图4-59　夜景

(a)

(b)

图4-60 雕塑

地面铺装图案源自史籍对城池的描述，并配置72股涌泉及4组泉群。凝固的"泉"与喷涌的泉自"城"中磅礴而起，体现了泉城的风采，寄托了泉城人的无限乡思。主题雕塑以东设有联系地上、地下的下沉过渡空间，使广场层次富有变化（图4-60）。

泉城广场充分体现了"讲究开放、崇尚稳定"的齐鲁文化特色和"群众性、文化性、娱乐性"的特点，结合城市风貌与人文景观，创造浓郁泉城特色，体现齐鲁文化渊源，展现礼仪之邦风采。

城市化与城镇化

小/贴/士

城镇化是指农村人口转化为城镇人口的过程。反映城镇化水平高低的一个重要指标——城镇化率，即一个地区常住于城镇的人口占该地区总人口的比例。城镇化是人口持续向城镇集聚的过程，是世界各国工业化进程中必然经历的历史阶段。当前，世界城镇化水平已超过50%，有一半以上的人口居住在城市。

城市化的含义有狭义和广义之分。

狭义：城市化指农业人口不断转变为非农业人口的过程。

广义：城市化是社会经济变化过程，包括农业人口非农业化、城市人口规模不断扩张，城市用地不断向郊区扩展，城市数量不断增加，以及城市社会、经济、技术变革进入乡村的过程。

思考与练习

1. 城市与城镇两者之间的区别是什么？

2. 影响城镇发展的主要因素是什么？

3. 城镇广场的发展现状如何？

4. 树立广场设计的人本理念应该从哪几个方面开始？

5. 设计街道时要注意哪些问题，街道与广场之间存在什么联系？

6. 城镇广场的空间特点有哪些？

7. 广场的空间围合有哪几种形式？请简要说明。

8. 城镇广场在今后的发展中将会面临哪些问题？

9. 未来城镇广场将会有哪些创新性的发展？请以小组的形式讨论。

10. 请找出国内优秀的城镇广场设计案例，并分析它们的设计要点与优点。

章节导读

　　广场的设计离不开基础设施的有效组合设计。组成广场环境的重要因素就是其周围的建筑与环境。结合广场规划性质,保护那些历史性建筑,运用适当的处理手法,将周围建筑环境融入广场环境中,是十分重要的。应将广场与建筑、环境完美结合起来(图5-1)。

学习难度:★★★★☆

重点概念:设施设计、艺术景观、水体景观

第一节

常见环境设施

　　广场设计应该以人的活动需求、景观需求、空间需求为出发点,牢牢把握人文、文化、生态、社会、特色等几个基本设计原则,并在此基础上对城市空间环境物质要素进行深入研究与精心设计(图5-2)。同时,我们要以整体的环境及历史为背景,以此取得两者之间的协调。但这不是做无原则的妥协甚至重复,应在提倡创新的同时延续原有文化,使城市文化得以进行正常的新陈代谢。

　　柯林·罗认为,城市是一个文化的博物馆,每一个时期都有它自己的文化积淀,这些不同时期的文化积淀汇合在一起,使城市表现为一种拼贴画似的形态。在惠安中新广场的设计中,设计者对城市历史的

图 5-1 广场设施

图 5-3 休息亭

图 5-2 环境设施

图 5-4 宣传廊

尊重、对城市文脉的延续正基于此。通过历史实现主题的表达，事实上是一种对社会及文化生活的模式的必然反映。广场环境设施与装饰艺术融为一体，表现形式多种多样，应用范围也非常广泛。它涉及了多种造型的艺术形式，一般来说可以分为建筑设施、照明设施、公共设施、交通设施、游憩设施、娱乐设施、无障碍设施等七大类。

一、建筑设施

建筑设施是城市广场的主要构成部分。建筑设施主要包括休息亭、宣传廊、书报亭、钟塔、售货亭、商品陈列橱窗、出入口、围墙等。休息亭、宣传廊大多结合街道和广场的公共绿地布置，也可布置在儿童游戏场地内，用以遮阳和休息（图

5-3、图 5-4）。

书报亭、售货亭和商品陈列橱窗等往往结合公共服务中心布置（图 5-5~图 5-7）。钟塔可以结合公共服务中心设置，也可布置在公共绿地或人行休息广场上（图 5-8）。出入口指街道、广场和住宅组团的主要出入口，可结合围墙做成各种形式的门洞，也可用过街楼、雨棚或其他设施（雕塑、喷水池、花台等）组成广场入口（图 5-9、图 5-10）。

二、照明设施

近年来，夜景照明引起了广场设计师的广泛重视。夜景照明涉及建筑物理的光学知识，因此设计师除了要掌握色彩知识、建筑美学知识以外，还要了解不同灯具的

图 5-5　书报亭

图 5-6　售货亭

图 5-7　陈列橱窗

图 5-8　钟塔

图 5-9　围墙

图 5-10　广场入口

发光性能。随着经济的发展，夜景照明方法和应用范围越来越受到重视。

　　街道和广场的照明设施设计可以分为两大类。第一类是道路安全照明，主要是提供足够的照明照度，便于行人和车辆在夜间安全通行。这种设施设计主要体现在道路周围以及广场地面等人流密集的地方。灯具的照度和间距要符合相关规定，以确保行人及车辆的安全。第二类是装饰照明，主要作用是美化夜晚的环境、丰富人们的夜间生活和提高居住环境的艺术美感（图 5-11、图 5-12）。

　　道路安全照明和装饰照明两者并不是完全割裂的，应该相互统一，功能相互渗透。现代的装饰照明除了独立的灯柱、灯箱外，还应和建筑的外立面、围墙、雕塑、花坛、喷泉、标识牌、地面和踏步等因素结合起来考虑，增强装饰效果（图5-13、图5-14）。

1. 道路安全照明

照明是利用各种光源照亮工作和生活场所或个别物体的措施。利用太阳光和天空光的称"天然采光"，利用人工光源的称"人工照明"。照明的首要目的是创造良好的可见度和舒适愉快的环境。路灯在为行人和车辆提供足够照明的同时也可以

成为构成广场景观的要素。设计精致美观的灯具，在白天也是装点大街小巷的重要因素（图5-15）。

2. 装饰照明

装饰照明也称气氛照明，主要是通过一些色彩和动感上的变化，以及智能照明控制系统等，在有基础照明的情况下，加一些照明来装饰，增添环境气氛。装饰照明能产生很多种效果和气氛，给人带来不同的视觉享受。装饰照明在街道和广场夜

图 5-11　道路安全照明

图 5-12　装饰照明

图 5-13　灯柱

图 5-14　灯箱

(a)　　　　　　　　　　(b)　　　　　　　　　　(c)

图 5-15　灯具

景中已经成为越来越重要的内容。它被用于重要沿街建筑立面、桥梁、商业广告街道和广场的园林树丛等设施中，其主要功能是衬托景物、装点环境、渲染气氛等。应当将装饰照明与道路安全照明统一考虑，减少不必要的浪费（图5-16）。

因为装饰照明靠近人群，所以应当考虑其安全性，如设置的高度、造型、材料以及安装位置等都应当经过细心的推敲和合理的设计。

现代的生活方式及工作方式的改变，使得人们在晚上不只是待在家里。广场现代化的设施发展较快，许多城市广场的公共活动场地都经过精心设计，有的还配备

了音乐设施。喷泉加以五颜六色的灯光，使其在夜晚也能给人以美的享受。夏天，居民们漫步于周围，享受着喷泉带来的凉爽，夜生活更为丰富（图5-17）。

三、公共设施

规划和设计公共设施时，在满足人们使用要求的前提下，也应该精心考虑其色彩和造型，将其与环境景观完美地结合在一起。如垃圾箱、公共厕所等设施，与居民的生活密切相关，既要方便群众，又不能设置过多。公共标志是现代广场设计中不可缺少的内容。在街道和广场上也有不少公共标志，如路牌、废弃物箱、路障、

(a)

(b)

图 5-16 装饰照明

(a)

(b)

图 5-17 音乐灯光广场

标志牌、邮筒、电话亭、交通岗亭、消防龙头、灯柱等，它们在给人们带来方便的同时，也给街道和广场增添美的装饰（图5-18~图5-26）。

道路路障是合理组织交通的一种辅助手段。凡不希望机动车进入的道路、出入口、步行街等，均可设置路障，但路障不应妨碍居民和自行车、儿童车通行。在形式上，可用路墩、栏木、路面做高差等各种形式，设计造型应力求美观大方。

公共设施中卫生设施主要指垃圾箱、烟灰皿等。虽然卫生设施装的都是污物，但设计合理的卫生设施不仅能尽量遮蔽污物和气味，还能通过艺术处理达到不影响景致，甚至成为一种点缀的效果。

1. 垃圾箱

"藏污纳垢"的垃圾箱经过精心的设计和妥善的管理，也能像雕塑和艺术品一样给人以美的感受。例如，将垃圾箱设计成根雕的样式，不但没有影响整体景观效果，而且还成为一种景致点缀（图5-27）。

2. 烟灰皿

烟灰皿指的是设置于街道、广场公共绿地和某些公共活动场所，与休息座椅比较靠近，专门收集烟灰的设施。它的高度、材质等类似于垃圾箱。现在许多的烟灰皿是搭配垃圾箱设施设计的，通常是附属于垃圾箱上部的一个小容器。虽然吸烟有害健康，但我国小城镇烟民数量庞大，烟灰皿还是不可缺少的卫生设施。有了数量充足、设计合理

图5-18 路牌　　　　图5-19 废弃物箱　　　　图5-20 路障

图5-21 标志牌　　　　图5-22 邮筒　　　　图5-23 电话亭

图5-24 交通岗亭　　　　图5-25 消防龙头　　　　图5-26 灯柱

的烟灰皿，就可以帮助人们改掉随地扔烟头的坏习惯，不仅可以美化环境、减少污染，还可以降低火灾的发生率（图5-28）。

3.洗手池

人们在户外环境中娱乐游玩时，接触细菌的情况是时刻存在着的，特别是小孩子与老人，勤洗手能够有效地抑制细菌的滋生以及传播（图5-29）。

四、交通设施

交通设施包括道路设施和附属设施两大类。道路设施主要包括路面、路肩、路缘石、边沟、绿化隔离带、步行道铺地、挡土墙等。

因道路交通类的设施关系到交通的畅通和人的生命安全，故应该注意其功能的合理性和可靠性。设施位置上也应当充分考虑汽车交通的特点和行车路线，避免妨碍交通路线。对于道路的排水坡度和路旁边的排水沟，除了考虑美观以外，还应当充分计算排水量，避免在遇到大暴雨时发生因为设计不合理而导致的积水。

1.交通隔离栏

隔离机动车和非机动车的隔离设施（图5-30、图5-31）最早于1980年10月出现在我国，长安街东起建国门外大街祁家园路口、西至复兴门外大街木樨地路口，全线10千米道路两侧机动车和非机动车道之间放置隔离墩，成为北京市第一条机非物体隔离道路。

2.道路标识系统

标识是文明的象征。标识指的是公共场所的指示，包括商业场所、非营利公共

(a)

(b)

图5-27　垃圾箱

图5-28　烟灰皿　　　　　　　图5-29　洗手池

机构、城市交通、社区等。没有完整的标识、标牌系统，就等于城市的地图系统、道路标识系统不完善，要找一个地址就会花费不少的时间。这些看起来似乎没有经济效益的设施，实则都是现代城市中必不缺少的组成部分。可以说，城市的标识、标牌设计和设置，是衡量该城市文明程度的标志之一，也是衡量这座城市规划水平的标志之一。

北京的路标有白底红字的或绿底白字的，白色的指向东西的街道，绿色的指向南北的街道。还有一些红底白字的路标，多出现在胡同口的位置（图5-32）。交通指路标志作为交通参与者的"出行指南"，在保障道路交通安全畅通、引导人们顺利出行方面发挥着重要作用。

五、游憩设施

游憩设施主要供居民日常游憩活动

用，一般结合公共绿地、广场等布置。桌、椅、凳等游憩小品又称室外家具，是游憩设施中的一项主要内容。一般结合儿童、成年或老年人休息活动场地布置，也可布置在人行休息广场和林荫道内。室外家具除了常见形式外，还可模拟动植物等的形象，也可设计成组合式的或结合花台、挡土墙等其他设施设计。常见的室外家具有游戏器械、沙坑、座椅、坐凳、桌子等（图5-33～图5-36）。

六、娱乐设施

娱乐设施是广场中与居民关系最为密切的，如广场周边的健身器材、儿童游乐设施、公共座椅、自行车停车架等。其特点是占地少、体量小、分布广、数量多。这些设施应制作精致、造型有个性、色彩鲜明、便于识别（图5-37～图5-40）。

图5-30　隔离栏

图5-31　隔离墩

(a)　　　　　　　　　　　(b)

(c)

图5-32　北京路标

图 5-33　游憩区

图 5-34　休息桌椅

图 5-35　游戏器械

图 5-36　沙坑

图 5-37　健身器材

图 5-38　自行车停车架

(a)

(b)

图 5-39　儿童游乐设施

■ 城镇的服务娱乐设施的设计注意事项

1. 整体风格统一

服务设施的设置关系到方方面面，因此这些设施应当在小城镇街道和广场发展整体思路的指引和小城镇规划的宏观控制下统一设置，以与小城镇整体风格统一。比如北京市房山区的长沟镇，既有青山环抱，又有泉水流淌，自然环境优美。该镇的发展方向是休闲旅游业、林果业、畜牧业。在该镇的街道和广场内公共设施如座椅、垃圾箱等统一为自然园林风格。

2. 实用性功能

服务娱乐设施首先应该具备方便安全、可靠的实用性。安装地点应该充分考虑街道和广场居民的生活规律，易于人寻找，可达性好。

(a)

(b)

(c)

图 5-40　创意公共座椅

图 5-41　盲道

图 5-42　缘石坡道

七、无障碍设施

关怀弱势人群是现代文明社会进步的重要标志。近年来，我国弱势人群的权益也越来越受重视。老弱病残者也应当像正常人一样，享有幸福生活的权利。体现在住宅和室外环境上，就是要充分考虑各种人群，尤其是行动不便的老年人和残疾人在建筑以及各种设施使用上的便利性。在方便正常人使用建筑设施的同时，也要设计专门的无障碍设施以便于弱势人群通行。

十多年来，随着经济的发展和社会的进步，我国在无障碍设施建设上取得了一定的成绩。其中，北京、上海、天津、广州、深圳、沈阳、青岛等大中城市的成绩比较突出。在城市中，为方便盲人行走修建了盲道，为方便乘轮椅者通行修建了缘石坡道（图 5-41、图 5-42）。

第二节
艺术景观设计

艺术景观类设施是美化城镇环境，使人们的生活环境更加优美、丰富多彩的装饰品。一般来说，它没有严格的功能要求，其设计的空间也最大，但是要符合广场整体景观的设计风格，同时不能与道路的交通流线冲突。艺术景观类设施品种多样，而且常穿插于其他类别的设施当中，或是在其他类别的设施中包含一定的艺术景观成分。比较常见的有雕塑、水景、花池等。

一、雕塑景观

雕塑是一种造型艺术。鲁迅在《且介亭杂文二集·在现代中国的孔夫子》中说道："凡是绘画，或者雕塑应该崇敬的人物时，一般是以大于常人为原则的。"杨沫在《青春之歌》第二部第二十章中提到："久久不动地凝视着那个大理石雕塑的绝美的面庞。"雕塑具有一定的寓意及观赏性，同时为美化城市做出了重大贡献（图5-43）。

■ 广场雕塑平面
　　设计类型

（1）中心式。雕塑处于广场中央位置，具有全方位的观察视角。在平面设计时注意人流特点。

（2）丁字式。雕塑在广场一端，有明显的方向性，视角为180°。气势恢宏、庄重。

105

（3）通过式。雕塑处于人流线路一侧，虽然也有180°观察视角方位，但不如丁字式显得庄重，比较适合用于小型装饰性雕塑的布置。

（4）对位式。雕塑从属于广场的空间组合需要。运用广场平面形状的轴线控制雕塑的平面布置，一般采用对称结构。这种布置方式比较严谨，多用于纪念性广场。

（5）自由式。雕塑处于不规则广场，采用自由式的布置形式。

（6）综合式。雕塑处于较为复杂的广场结构之中，广场平面、高差变化较大时，采用多样的组合布置方式。

(a)

(b)

(c)

(d)

(e)

(f)

图5-43　创意雕塑

■ 水景设计要素

广场水景的设计要注重人们的参与性、可达性，以适应人们的亲水情结。同时，还应注意北方和南方的气候差别，北方冬季气候寒冷，水易结冰，故北方小城镇广场的水面面积不宜太大，喷泉最好设计成旱地喷泉，不喷水时也可作为活动场地。

■ 发挥植物绿化的作用

植物绿化不仅有生态作用，还起到分隔或联系空间的作用，是小城镇广场空间环境的重要内容之一。由于植物生长速度缓慢，要特别注意对场地中原有树木的保留。还可采用垂直绿化的方式，充分利用建筑与小品的墙面、平台、平台栏板等做好绿化处理。玛泰奥蒂广场，其半圆部分就采用了多种树种的分层综合绿化，起到了划分界面和划定区域的作用，为广场营造了丰富的绿色空间。

二、水景景观

　　水景是重要的软质景观，也是广场环境中重要的表现手段之一。水景的表达方式很多，诸如喷泉、水池、叠水、瀑布等，可以使整个广场环境看上去生动、有灵气（图5-44～图5-47）。

图5-44　喷泉

图5-45　水池

图 5-46 叠水

图 5-47 瀑布

(a)

(b)

(c)

(d)

图 5-48 景观树池

三、花池景观

花池是我们日常生活中较为常见的景观设计，为我们提供了各种各样的景观。在广场设计中，花池有样式多、造型多变、观赏性高等特点，深受广场设计者喜爱。

同时，花池能消除广场的空旷，且不阻隔大空间的景观。在功能上，阻隔行人、车辆，使人与自然景观保持适当的观赏距离，也有引导人流、疏导交通等作用（图5-48）。

第三节
案例分析——美国波特兰
杰米森广场

波特兰被人们称为绿色之城、自由之城。它临近太平洋，为海洋性气候，冬季较夏季更加湿润。这种气候比较适宜种植玫瑰，市内有许多玫瑰种植园，因此波特兰也被称为"玫瑰之城"。波特兰是美国人均收入非常高的城市，连续多年被评为美国最宜居的城市之一。

杰米森广场场地不大，但活力十足，其设计理念源于一个竞赛。从平面布局上看，整个广场的绿植覆盖率较高，布局规划合理（图5-49、图5-50）。

矩形的地块被摞起来的石块形成的边界分开，形成两个区域（图5-51）。右侧是城市展厅，整齐排列的树阵给展厅提供了阴凉；左侧是亲水空间，市民可以在这里戏水玩耍（图5-52、图5-53）。

以"水"为主题的钢制雕塑，外形看起来像一个铲子。雕塑的四周用草坪围起来，既让人们能够观赏到雕塑的创意美感，又保护了雕塑不受破坏（图5-54）。

广场上的林荫草地为人们提供了野餐、露营及休憩的场所，人们在休闲娱乐

图5-49 平面布局图

图5-50 广场俯瞰图

(a)

(b)

图5-51 石块边界

之余能够得到全身心的放松。广场上的常青树为一年四季的景观增加了朝气（图5-55）。

广场的地面铺装材质选用的都是环保材料。步道采用石材拼接的方式进行铺装，并加上金属条的装饰修饰。在休闲座椅的

下方巧妙地设计了水景小品，既刺激又富有趣味（图5-56）。

将广场街道旁的电线杆进行包裹设计，并用不同的颜色进行排列组合，更加吸引人们的注意力，也使整个街道充满了童趣（图5-57）。

(a)

(b)

图 5-52 树阵

(a)

(b)

图 5-53 亲水空间

(a)

(b)

图 5-54 雕塑

(a)　　　　　　　　　　　　　　　　　　　(b)

图 5-55　广场绿植

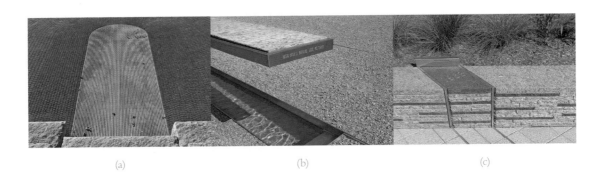

(a)　　　　　　　　　(b)　　　　　　　　　(c)

图 5-56　地面材质

(a)　　　　　　　　　　　　　　　　　　　(b)

图 5-57　创意设计

思考与练习

1. 广场上常见的环境设施有哪些?

2. 照明设计在广场设计中有什么意义和主要作用?

3. 广场入口设计路障的必要性是什么?

4. 生活中的公共设施主要有哪些类型?

5. 城市雕塑具有哪些功能及特征?

6. 水景在广场设计中扮演着什么角色?设计时需要注意哪些问题?

7. 生活中常见的雕塑类型有哪些?

8. 近年来,充满人性化的设计越来越多,请举例说明。

9. 谈一谈你在生活中见过的环保设计,并阐述这个设计的意义是什么。

10. 以自己去过的某广场为例,作简单观赏分析,并以 PPT 的形式呈现。

章节
导读

城市广场的设计是城市设计的重要课题,反映了城市整体设计的重要性。城市广场设计虽然只是城市设计的一部分,但它的规划设计与城市总体规划和环境质量密不可分。城市广场是城市居民社会生活的中心,其周围常常分布着行政、文化、娱乐、商业及其他公共建筑。广场是因城市功能的需要而产生的,并且随着时代的发展而变化(图6-1)。

学习难度:★★★★★

重点概念:环境与建筑、广场材质、色彩搭配

第一节

广场与周边建筑环境

完整的城市广场设计应包括广场周边的建筑物、道路和绿地的规划设计。广场环境设计和其他广场元素一样,在整体设计中起着至关重要的作用。它不仅为人们提供休闲空间,起到美化广场的作用,而且更重要的是,它可以改善广场的生态环境,提供人类生存所必需的物质环境空间(图6-2)。

科学实验证明,大气中的氧气主要由地球上的植物提供。一棵树冠直径15米、覆盖面积170平方米的老桦树,白

图 6-1　城市广场环境

图 6-2　广场建筑

天每小时可释放氧气 1.71 千克，每公顷树林每天供氧量可达 10 ~ 20 吨。绿化覆盖率每增加 10%，气温降低的理论最高值为 2.6%，在夜间可达 2.8%，而在绿化覆盖率达到 50% 的地区，气温可降低将近 5℃。由此可见广场绿化的重要性。

广场绿化，要根据广场的具体情况及广场的功能、性质等进行设计。例如纪念性广场，它的功能主要是为了满足人们集会、联欢和瞻仰的需要，此类广场一般面积较大，为了保持广场的完整性，道路不应穿越广场，避免影响大型活动，保证交通畅通，而且广场中央不宜设置绿地、花坛和树木，绿化应设置在广场周边。布局应采用规则式，不宜大量采用变化过多的自由式，因其目的是创造一种庄严肃穆的环境空间。

广场的环境应与所在城市所处的地理位置及周边的环境、街道、建筑物等协调，共同构成城市的活动中心。设计时要考虑到广场所处城市的历史、文化特色与价值。城市广场是城市中由建筑物等围合或限定的城市公共活动空间，把周围的各个独立的组成部分连成整体。城市广场有一定的功能或主题。围绕主题设置的标志物、建筑空间的围合，以及公共活动场地，是构成城市广场的三要素。城市广场作为外部空间应与建筑的内部空间相互延伸及补充。

广场的周边建筑包括住宅小区、公共建筑群、商业街区、历史文化区、游乐场、地标建筑等。

一、住宅小区

住宅小区也称"居住小区"，是由城市道路及自然支线划分，而不为交通干道所穿越的完整居住地段。住宅小区一般设置一整套可满足居民日常生活需要的基层专业服务设施和管理机构。城市广场往往距离住宅区、商业区较近，便于人们在较短的时间内进入广场空间（图 6-3）。

二、公共建筑群

它包含办公写字楼、商业商场、酒店饭店及其他娱乐场所等。人们在工作、休闲娱乐后，在广场上休息玩耍也是不错的选择（图6-4）。

三、历史文化区

民俗与历史也是一种广场文化，是在城市广场中呈现出来的文化现象以及在广场中所展示出来的文化。一方面是指广场建筑本身所蕴含的文化，如具有浓郁的地域特点和文化品位的广场文化长廊、雕塑及相关配套设施；另一方面则是指在广场上开展的文艺活动中所体现出的文化，如在广场上进行的专业或业余的各种艺术性表演或展示等（图6-5～图6-8）。

四、游乐场

如今广场上设计的小型儿童游乐场很常见，一般有旋转木马、滑滑梯、碰碰车、自控旋转飞机等设施（图6-9～图

图6-3　住宅区

图6-4　公共建筑群

图6-5　文化长廊

图6-6　茶文化

图6-7　广场舞

图6-8　艺术表演

6-12）。一般不建议在广场上设计骑行玩具，因为广场上大多是老人及小孩，容易发生安全事故。

五、地标建筑

标志性建筑的基本特征就是可以用最简单的形态和最少的笔画来唤起人们对它的记忆，人们一看到它就可以联想到其所在城市乃至国家。就像悉尼歌剧院、巴黎埃菲尔铁塔、北京天安门、比萨斜塔、东京铁塔、纽约自由女神像等世界上著名的标志性建筑一样，标志性建筑是一座城市的名片和象征（图6-13～图6-18）。广场具有空间大、视野开阔、容纳性强等特点，也是地标建筑落脚的好地方。

图6-9　旋转木马

图6-10　滑滑梯

图6-11　碰碰车

图6-12　自控旋转飞机

图6-13　悉尼歌剧院

图6-14　埃菲尔铁塔

图 6-15 北京天安门

图 6-16 比萨斜塔

图 6-17 东京铁塔

图 6-18 自由女神像

第二节
色彩搭配与绿化

任何一个城市广场的色彩都不能独立存在，要与广场周边环境的色彩融为一体，相辅相成。广场设计应尊重城市历史，切不可将广场的色彩与周边的建筑色彩相脱节，形成孤岛式的广场。因此，正确运用色彩是表现城市广场整体性的重要手段之一，成功的广场设计应有主体色调和附属色调。一般欧洲城市广场周边的建筑大部分不是与广场同时期完成的，因历史的原因，有些建筑历经百年、千年甚至更长的年代才完成，逐渐形成了封闭围合式广场，广场的周边建筑已经和广场构成了密

不可分的统一整体。周边建筑色彩本身积淀着城市的历史文化。为了保护历史的文脉，显示历史的原貌，应尽量保持原建筑的传统色彩，以显示该城市的历史文化底蕴。被誉为世界广场设计经典的"欧洲最美丽的客厅"圣马可广场，其地面铺装与周边的建筑均采用石材，形成了统一和谐的米黄色主旋律，使人们感受到如画般的广场景观和城市深厚的历史文化底蕴（图6-19）。

植物不仅能给生硬呆板的环境增添柔和之美，还能给环境带来生机和活力，带来富有变化的视觉效果。为了提高城市广场的功能性，合理配置绿化植物是一条重要原则。因此，在设计之前，设计人员应对绿化植物的美学特点有一定了解。植物

形状大小直接影响着空间范围、结构关系及设计构思。大中型乔木能构成广场环境的基本结构和骨架，而当它居于较矮小的植物之中时，则会成为视觉焦点。小乔木和观赏植物适合较小的空间，或要求精细的场所，例如在广场作为主景或出入口标志的地段，高灌木则可以充当障景物（图6-20、图6-21）。

一、色彩搭配

1. 质地与色彩

植物是具有情感的，并通过叶子、花朵、果实等各个部分呈现出来。虽然叶子的主要色彩是绿色，但对于不同种类的植物，叶子的颜色会有深浅的变化，或发黄、蓝，或泛褐色，如棕榈与苏铁（图6-22、图6-23）。即使是同一种植物，

图 6-19　广场的色彩

图 6-21　广场绿化设计

(a)

图 6-22　棕榈

(b)

图 6-20　广场植被

图 6-23　苏铁

其色彩也会随季节时令的变化而呈现出不同的色调，如春季与秋季的银杏树（图6-24、图6-25）。而且同所有物质一样，绿化植物也有肌理表情，使之有粗犷、厚重、轻柔或细腻之分。

由于夏季和冬季占据着一年中大部分的时间，而秋天的色彩维持的时间很短，因此在对不同植物进行配色设计时，需要考虑到夏季和秋季的色彩。在植物色彩的处理上，最好使用一系列色相变化的植物，使之在构图上具有丰富的视觉层次。对于绿化带栽植的花木，要有秩序地布置颜色、质地、形状和花期不同的花木（图6-26、图6-27）。

广场色彩应取决于广场的功能和性质，例如纪念性广场，色彩一般应凝重些，给人以庄严、稳重的感觉（图6-28）。色相不可过多，避免给人一种杂乱无章、眼花缭乱的感觉。商业广场可以色彩变化丰富些，以适应商业广场的性质，利于促进消费者消费，激发人们的购买欲望（图6-29）。休闲广场的色调应给人以温馨、舒适、富有文化底蕴的感觉（图6-30）。交通广场则应该主次分明，色彩不宜过多，避免影响驾驶人的视线（图6-31）。

广场色彩标志着一座城市的现代精神文明水准。因为现代城市广场采用新材料、新技术、新工艺等，构成城市广场的因素又是多方面的，所以，如果不进行色彩统一规划和设计，而是随心所欲地运用色彩元素，难以形成广场统一和谐的格局。美国色彩学家阿波特认为："调和必须具有

119

图 6-24　春天银杏树

图 6-26　夏季

图 6-25　秋天银杏树

图 6-27　冬季

整体性的、一致性的、连贯性的性格。"通过对不同属性的色彩进行调和，使色彩变得和谐统一，以满足人们视觉上对色彩关系的审美需要。主要应从以下两方面进行考虑：首先是广场与周边自然环境色彩的统一；其次是广场元素之间色彩的统一。只有色彩和谐的广场才能体现城市的现代文明程度，才能使人们感受到欢快和愉悦。

（1）单色应用。以一种色彩布置于园林中，如果面积较大，则会显得景观大气，视野开阔。因此，现代园林中常采用单种花卉大面积栽植的方式，形成大色块的景观（图6-32）。但是，单一色彩一般显得单调，若在大小、姿态上形成对比，景观效果会更好，例如绿色草地中的孤立树、园林中的块状林地等

图6-28　纪念广场

图6-29　商业广场

图6-30　休闲广场

图6-31　交通广场

(a)

(b)

图6-32　大面积栽植

120

（图6-33、图6-34）。

（2）双色配植。采用补色配植，如红与绿，会给人醒目的感觉。例如，在大面积草坪上配置少量红色的花卉，在浅绿色落叶树前栽植大红的花灌木或花卉，如红花碧桃、红花紫薇和红花美人蕉等，都

可以形成鲜明的对比。其他两种互补颜色的配合还有玉簪与萱草、黄色郁金香与紫色郁金香。邻补色配合可以得到活跃的色彩效果。金黄色与大红色、青色与红色、白色与紫色的配合等均属此类型（图6-35）。

图6-33 孤立树

图6-34 块状林地

(a)

(b)

(c)

(d)

(e)

(f)

图6-35 双色配植

（3）类似色配植。类似色配植在一起，用于从一个空间向另一个空间的过渡，给人柔和安静的感觉。园林植物片植时，如果用同一种植物且颜色相同，则没有对比和节奏的变化。因此，常将同一种类不同色彩的植物栽植在一起，如橙色与金黄色的金盏菊搭配、深红色与浅红色的月季搭配，可以使色彩显得活泼。部分广场整个色调以大片的草地为主，中央有碧绿的水面，草地上点缀着造型各异的深绿、浅绿色植物，结合白色的园林设施，显得宁静和高雅。花坛中，色彩从中央向外依次变深或变淡，具有层次感，舒适、明朗（图6-36、图6-37）。

（4）多色配植。多种色彩的植物配植在一起会给人生动、欢快、活泼的感觉。例如，布置节日花坛时，常将多种颜色的花卉配置在花坛中，营造欢快的节日气氛（图6-38）。

2. 光影作用

在选择植物和进行配置设计时，不仅要考虑建（构）筑物、景观等的阴影部位，还要考虑植物的阴影对广场中的构筑物、绿化的影响。随着季节的更迭，春天的鲜花、夏天的绿叶、秋天的落叶

(a)

(b)

图6-36　广场植被

(a)

(b)

图6-37　广场景观

和冬天的白雪都会呈现出不同的阴影,从而形成变幻莫测的装饰效果(图6-39～图6-42)。

植物是有生命的设计要素,其生长受到土壤肥力、排水、日照、风力及温度和湿度等因素的影响,因此设计师在进行设计之前,必须了解广场相关的环境条件,然后才能确定植物是否适合在这种环境条件下生长。

(a)

(b)

图6-38 多色配植

■ 广场绿化植物的
　配置形式

根据植物的形状、习性和特征的不同,城市广场上绿化植物的配置,可以采取一点、两点、线段、团组、面、垂直或自由式等形式。在保持统一性和连续性的同时,表现出丰富性和个性。例如,在不同功能空间的周边,常采用树篱等方式进行隔离,而树篱通常选用大叶黄杨、小叶黄杨、紫叶小檗、绿叶小檗、侧柏等常绿树种。花坛和草坪常配置300～900毫米的镶边,起到阻隔、装饰和保持水土的作用。

123

图 6-39　春天

图 6-40　夏天

图 6-41　秋天

图 6-42　冬天

■　立体花坛

又名"植物马赛克"，起源于欧洲，是将不同特性的小灌木或草本植物，种植在二维或三维立体钢架上而形成的植物艺术造型。它通过巧妙运用各种植物的特性，创作出各具特色的艺术形象。立体花坛作品因其千变的造型、多彩的植物包装，外加可以随意搬动，被誉为"城市活雕塑""植物雕塑"。它代表了当今世界园艺的最高水准，被誉为世界园林艺术的奇葩。立体花坛在欧美发达国家已经较为普遍，从街头的绿化到公园的景观，随处可见立体花坛的身影。

二、绿化设计

1. 花坛设计

花坛在各种绿化空间中都可能出现。由于具有布局灵活、占地面积小、装饰性强等特点，在广场空间中出现得更加频繁。既有以平面图案和立体形式表现的花坛，也有与台阶等构筑物相结合的花坛，还有以种植容器为依托的各种形式的花坛（图 6-43~ 图 6-47）。花坛不仅可以独立设置，也可以与喷泉、水池、雕塑、休闲座椅等结合设置。适当的广场花坛可以丰富广场平面和立面形态，使景观更为丰富。花坛在空间环境中除了起到限定、引导等作用外，还因其优美的造型或独特的排列、组合方式而成为视觉焦点。

图 6-43　平面花坛

图 6-44　立体花坛

图 6-45 台阶花坛

图 6-46 种植器花坛

(a)

(b)

图 6-47 植物雕塑

图 6-48 丁香

图 6-49 白玉兰

2. 常见绿化组织形式

目前我国大部分城市都确定了市花和市树，如哈尔滨市的丁香、上海市的白玉兰、厦门市的凤凰树、武汉市的水杉、合肥市的广玉兰、西安市的国槐等（图6-48～图6-53）。市花和市树代表一座城市的地域文化，也成为一座城市的标志植物。广场作为城市的窗口，栽种市树、市花是必不可少的。应科学绿化，结合当地的气候、气象、土壤等情况，栽种花草树木；不应仅为了美观，将南方的热带植物引入寒冷的北方，否则，会造成昙花一现的后果。

绿化组织形式有两种。一是规则式配置，它的特点是庄重、平稳，但是如果处理不当，易给人过于单调的感觉（图6-54）。应适当加以变化。二是自然式配置，其形式生动活泼，富有变化，但如

126

图 6-50　凤凰树

图 6-51　水杉

图 6-52　广玉兰

图 6-53　国槐

图 6-54　规则式配置

图 6-55　自然式配置

果处理不当，易造成杂乱无章的效果（图6-55）。在设计时应考虑适当统一树种、花种，将色彩统一在总色调之中。但不建议在交通广场上采用自然式组织形式，因车速快，不利于人的视觉转换，会给人们带来不安全的感觉。

广场草坪是广场绿化设计中运用最普遍的手法之一（图6-56）。它能净化空气，防暑降温，吸附尘土，减弱噪声。用于广场草坪的草本植物主要有地毯草、野牛草、结缕草、剪股颖等（图6-57~图

6-60）。这些草适应性强，易成活，草紧贴地面，可有效防止尘土飞扬和水土流失。而且，草坪在广场中可以形成通风道，利于降温。广场草坪空间可形成开阔的视野，能增加景深和层次感，并能充分衬托出广场的形态美。

广场花架一般布置在广场的边缘，发挥点缀作用，也可以提供休憩、遮阴场所。用花架联系空间，可以使空间变化趋于多样化，避免单一（图6-61）。

(a)

(b)

图 6-56　广场草坪

图 6-57　地毯草

图 6-58　野牛草

图 6-59　结缕草

图 6-60　剪股颖

(a)

(b)

图 6-61　广场花架

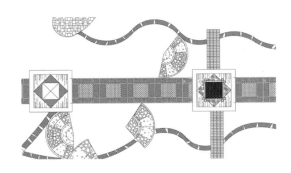

图 6-62　广场铺装

第三节

地面铺装

广场是人们休闲集会的重要场所，具有人流量大、需求广等特点。广场景观设计的目的就是让人们在这里休闲娱乐或举办一些活动等，地面铺装对广场景观设计来说尤为重要。而材料的选择又直接影响到铺装的效果，进而影响到整个广场景观设计的效果。

图 6-63　同心圆

一、选择材料时应考虑的因素

1. 装饰性

铺装是城市广场设计中的一个重点，具有功能性和装饰性的意义。首先是在功能上可以为人们提供舒适耐用、耐磨、坚硬、防滑的广场路面。利用铺装材料的图案和色彩组合，界定空间的范围，为人们提供休息、观赏、活动等多种空间环境，并可起到方向诱导作用。其次是装饰性，将不同色彩、纹理和质地的材料巧妙组合，可表现出不同的风格和意义（图6-62）。

（1）广场铺装图案。常见的铺装图案有规则式和自由式组织形式。规则式有同心圆、方格网等组织形式（图6-63、图6-64）。同心圆的组织形式给人一种既稳定又活泼的向心感觉。方格网的组织形式给人一种安定的居留感。自由式组织形式给人一种活泼、丰富的感觉。应根据广场的不同性质和功能采用不同的组织方式，创造出丰富多彩的空间环境。

图 6-64　方格网

（2）地砖铺装形状。常见的铺装地砖形状有矩形、方形、圆形、多边形（图6-65～图6-68）。矩形地砖具有较强的方向性，可有目的地用在广场的道路上，起到引导方向的作用。六边形和方形因为没有明确的方向感，因此应用较广泛。圆形可赋予地面较强的装饰性，但因为它的拼缝处理较难，所以不宜在广场上大面积使用，可在局部采用，以起到装饰的作用。

图 6-65　矩形

图 6-66　方形

图 6-67　圆形

图 6-68　多边形

(a)

(b)

图 6-69　防滑设计

　　地砖表面有光面、凹凸粗糙和有纹理等形式。应根据使用目的和舒适度来决定采用何种形式。例如广场上供人们行走的路面尤其是坡路，不宜采用表面过于光滑的地砖，避免雨雪天路面太滑引起人们行走不便。相反，如果广场路面过于凹凸不平，也会降低舒适度，凹凸的路面会使人们走起路来很费劲。

　　地砖表面的选择既要考虑使用功能又要考虑视觉效果，远看、近看的效果都应考虑。

2. 安全性

　　对于广场景观设计中地面铺装材料的选择来说，首先要满足一点就是防滑。广场上每天都有很多人，各种年龄段的都有，这些人都要照顾到。例如，在老人活动比较多的地方，可以在水泥中松散地嵌入一些鹅卵石，防滑的同时还能起到一定按摩作用，有利于老年人的身体健康；而在小孩活动比较多的地方，为了防止小朋友在奔跑的时候跌倒，地面铺装一定要防滑，并且平整（图 6-69）。

3. 舒适性

广场景观设计的一个目的就是让人们能在这里得到充分的休闲娱乐，因此地面铺装要尽量让人们减少疲劳，感到舒适。这就需要结合实际情况细细琢磨，做到质量和美观双重保障（图6-70）。

4. 渗水性

耐磨耐久、透水透气性也是必须考虑的问题。很多著名的广场都要使用很多年，这么多年每天那么多人在广场上活动，不能做到耐磨耐久是不行的。广场景观设计的一个特点就是硬质地面所占面积比较多，而植被所占面积比较少，如果透水透气性差的话就会让人感到闷热，尤其是夏天，让人们感到很不舒服，让人们的心理感受大打折扣（图6-71）。

二、常用的地面铺装材料

1. 青石板

青石板学名为石灰石，是水成岩中分布最广的一种岩石，全国各地都有产出，主要成分为碳酸钙及黏土、氧化硅、氧化镁等。青石板取其劈制的天然效果，表面一般不经打磨，也不受力，挑选时只要没有贯通的裂纹即可（图6-72、图6-73）。青石板按加工工艺的不同，分为粗毛面板、细毛面板和剁斧板等多种。也可根据建筑意图加工成光面板。

2. 花岗岩

花岗岩是岩浆在地表以下凝结形成的火成岩，主要成分是长石和石英。花岗岩是深成岩，常能形成发育良好、肉眼可辨的矿物颗粒，因此而得名。花岗岩不易风

(a)

(b)

图6-70　舒适设计

(a)

(b)

图6-71　渗水设计

化，有质地坚硬致密、强度高、抗风化、耐腐蚀、耐磨损、吸水性低等特点，美丽的色泽还能保持百年以上，是建筑的好材料，缺点是不耐热。

（1）锈石。锈石台面板磨光后显得尤为美观，彰显出豪华高贵，耐磨性极高，为广大欧美客户所青睐。但锈石的缺点也比较明显，色差较大，大批量生产可能会出现不同的色差，影响整体的装饰效果。锈石可用作磨光板、火烧板、薄板、台面板、环境石、地铺石、路缘石、小方块、墙壁石、石制家具、石雕及各种建筑工程配套用石

材（图6-74、图6-75）。

（2）芝麻黑。它是世界上最著名的花岗岩石种之一，可以作为板材、地铺、台面、雕刻、工程外墙板、室内墙面板、地板、广场工程板、环境装饰路缘石等的材料（图6-76）。特点是成色单一，整体装饰效果好。

（3）芝麻白。它是一种天然花岗岩，用途广，可用于地面墙面装饰，以及异型、拼花、雕刻、窗台、台面以及踏步过门石等（图6-77）。

（4）荔枝面花岗岩。表面粗糙，凹

131

图6-72 青石板

图6-73 青石板铺装景观

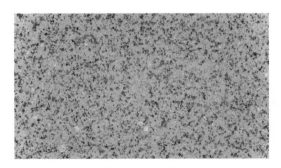

图6-74 锈石

图6-75 锈石装饰

图6-76 芝麻黑

图6-77 芝麻白

凸不平，是用凿子在表面上密密麻麻地凿出小洞，有意模仿水滴经年累月滴在石头上的一种效果（图6-78）。在石材表面形成形如荔枝皮的粗糙表面，多见于雕刻品表面或广场石等的表面（图6-79）。

（5）菠萝面花岗岩。菠萝面是指在石材表面用凿子和锤子敲击成外观形如菠萝皮的板材。表面比荔枝面更加凹凸不平，就像菠萝的表皮一般（图6-80）。

（6）火烧面花岗岩。利用高温火焰对石材表面加工而成的粗面饰面，表面粗糙。这种表面主要用于室内，如地板，或商业大厦的饰面，劳动力成本较高。高温加热之后快速冷却就形成了火烧面（图6-81）。

3. 鹅卵石

鹅卵石被广泛应用于公共建筑、别墅、庭院建筑、路面、公园假山、盆景、园林艺术和其他高级建筑。它既弘扬东方古老的文化，又体现西方古典、优雅、返璞归真的艺术风格（图6-82、图6-83）。

据美联社报道，由鹅卵石铺成的小径更有利于人们的健康并能降低血压。美国

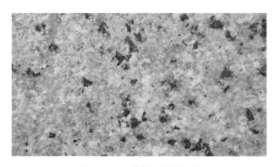

图 6-78　荔枝面花岗岩

图 6-79　荔枝面花岗岩的应用

图 6-80　菠萝面花岗岩

图 6-81　火烧面花岗岩

图 6-82　鹅卵石

图 6-83　鹅卵石步道

俄勒冈研究所一项最新研究成果显示，60岁以上的人每天在圆滑的鹅卵石小径上行走半个小时，连续行走4个月后，他们的高血压会显著降低，而且他们的身体平衡能力和协调性也会明显提高。

4. 防腐木

防腐木是经过特殊防腐处理后的木材，具有防腐烂、防白蚁、防真菌的功效。专门用于户外环境的露天木地板，并且可以直接用于与水体、土壤接触的环境中，是户外木地板、园林景观地板、户外木平台、露台地板、户外木栈道及其他室外防腐木凉棚的首选材料（图6-84、图6-85）。

（1）菠萝格防腐木。它是经过人工添加化学防腐剂之后的木材，具有防腐蚀、防潮、防真菌、防虫蚁、防霉变及防水等特性，能够直接接触土壤及潮湿环境，是户外地板、园林景观、木秋千、娱乐设施、木栈道等的理想材料，深受景观设计师的青睐（图6-86、图6-87）。

（2）碳化木。碳化木即经过表面炭化或是深度处理的木材。炭化木是纯天然防腐木，没有毒害；炭化出来的表面有凹凸感，可产生立体效果；纹理清晰，健康时尚，古朴典雅。它常应用于户外墙板、户外家具、户外地板、户外木门、木百叶窗、园艺小品、内部装修、游泳池、停车库、房顶外装修、沙滩护栏、户外秋千、木屋等（图6-88、图6-89）。

5. 透水砖

透水砖起源于荷兰。荷兰人在围海造城的过程中，发现排开海水后的地面会因为长期接触不到水分持续不断地沉降。一旦海岸线上的堤坝被冲开，海水会迅速冲到比海平面低很多的城市，把整座临海城

图6-84　防腐木

图6-85　凉棚

图6-86　菠萝格防腐木

图6-87　户外地板

图 6-88　碳化木

图 6-89　碳化木秋千

图 6-90　透水砖

图 6-91　透水砖铺装工艺

■ 透水砖的环保性及性能特征

透水砖是为解决城市地表硬化、营造高质量的自然生活环境、维护城市生态平衡而诞生的环保建材。具有保持地面的透水性、保湿性，防滑、高强度、抗寒、耐风化、降噪、吸声等特点。它以矿渣废料、废陶瓷为原料，经两次成型，是绿色环保产品。

1. 具有良好的透水、透气性能，可使雨水迅速渗入地下，补充土壤水和地下水，保持土壤湿度，改善城市地面植物和土壤微生物的生存条件。

2. 可吸收水分与热量，调节地表局部空间的温湿度，对调节城市小气候、缓解城市热岛效应有较大的作用。

3. 可减轻城市排水和防洪压力，对防治公共水域的污染和处理污水具有良好的效果。

4. 雨后不积水，雪后不打滑，方便市民安全出行。

5. 表面呈微小凹凸，防止路面反光，吸收车辆行驶时产生的噪声，可提高车辆通行的舒适度和安全性。

6. 色彩丰富，自然朴实，经济实惠，规格多样化。

市全部淹没。为了使地面不再下沉，荷兰人制造了一种长 200 毫米、宽 100 毫米、高 60 毫米的小型路面砖，并在砖与砖之间预留 2 毫米的缝隙。这样，下雨时雨水会从砖之间的缝隙中渗入地下。这就是有名的荷兰砖。荷兰砖有较好的透水性，被广泛用于城市道路改造中（图 6-90、图 6-91）。

第四节
案例分析——月亮湾广场

月亮湾广场位于广东省南部大鹏半岛南端，北邻海滨南路，南靠大鹏湾，与香港平洲岛仅隔 1.5 千米，东西两面为市政绿地（图 6-92）。

月亮湾广场拥有一线海景，视野开阔，海上渔船点点、日落景观壮丽，成为吸引游客驻足流连的景观。同时，渔家生活氛围浓厚，独具渔乡特色。这里还是市民日常的公共休闲娱乐空间，人气十足，更是当地享有盛名的龙舟赛举办点，附近还有海鲜一条街，距离东西涌也只有20分钟的车程。正是由于月亮湾广场这种得天独厚的地理优势，对其景观进行改造成为市民和游客久久的期盼（图6-93）。

广场的中心位置设计有一座三口之家的卡通雕塑，被命名为"月亮之家"。整个广场的设计围绕着这座雕塑，十分耀眼。雕塑正面对着大海的方向，是观看海景的好地方（图6-94）。

在植物配置上，灌木与小乔木结合布置，高低错落，使得整个广场空间极富层次感（图6-95）。广场上的小栅栏增加了自然气息，一方面丰富了广场的色彩，另一方面可以有效地阻止市民进入草地，破坏植被。

(a)

图6-92 月亮湾广场

(b)

图6-94 雕塑

(a)

(a)

(b)

图6-93 广场海景

(b)

图6-95 植物配置

卡通雕塑

　　卡通雕像又称卡通人像、软陶人偶、陶土公仔。近些年来，各种动漫卡通形象层出不穷，一些深受人们喜爱的动漫形象和活跃在影视艺术界的喜剧明星们，都通过雕塑艺术变成立体的形象。卡通雕塑是通过运用夸张、变形等手法，对人物、动物等对象进行塑造的行为，具有个性、时尚、可在户外长期存放且不变色等特征，深受广大人民的喜爱（图 6-96、图 6-97）。

小/贴/士

图 6-96　卡通雕塑 1

图 6-97　卡通雕塑 2

思考与练习

1. 广场周边的主要建筑物有哪些类型？

2. 地标建筑对一座城市的影响是什么？

3. 引起植物的质感与色彩发生变化的主要原因有哪些？

4. 常见的 4 种广场在色彩设计上有什么要求及注意事项？

5. 植物的光影作用对广场景观有什么影响？

6. 我国立体花坛出现的时间？

7. 常见的广场绿化形式有哪几种？

8. 在广场上进行地面铺装的意义是什么？

9. 近几年针对在广场上建立"游乐场"出现了不同意见，请进行简单调查问卷分析。

10. 请以身边的小广场为例，对广场设计元素进行分析。

参考文献

References

[1] 郝维刚, 郝维强 . 欧洲城市广场设计理论与艺术表现 [M]. 北京: 中国建筑工业出版社, 2008.

[2] 宋钰红 . 城市广场植物景观设计 [M]. 北京: 化学工业出版, 2011.

[3] 田勇 . 城市广场及商业街景观设计 [M]. 长沙: 湖南人民出版社, 2015.

[4] 迪特尔·格劳 . 城市环境景观 [M]. 桂林: 广西师范大学出版社, 2015.

[5] 克里夫·芒福汀 . 街道与广场 [M]. 北京: 中国建筑工业出版社, 2017.

[6] 文增 . 城市广场设计 [M]. 沈阳: 辽宁美术出版社, 2014.

[7] 梁振强, 区伟耕, 张衍飞, 王斌 . 开放空间: 城市广场、绿地、滨水景观 [M]. 乌鲁木齐: 新疆人民卫生出版社, 2003.

[8] 切沃 . 城市街道与广场 [M]. 南京: 江苏科学技术出版社, 2002.

[9] 艾瑞克·J. 詹金斯 . 广场尺度: 100 个城市广场 [M]. 天津: 天津大学出版社, 2009.

[10] 孙敬宇 . 小城镇街道与广场设计指南 [M]. 天津: 天津大学出版社, 2015.

[11] 刘伟平 . 环境绿化设计 [M]. 北京: 中国建筑工业出版社, 2007.

[12] 张志云 . 专业色彩搭配设计师必备宝典 [M]. 北京: 清华大学出版社, 2013.

[13] 拓植 hiropon. 色彩搭配的黄金法则——新手设计师必读 [M]. 上海: 上海人民美术出版社, 2016.

[14] 布莱克 . 城市雕塑 [M]. 沈阳: 辽宁科学技术出版社, 2012.